복잡한 세상을 이해하는
김범준의 과학상자

복잡한 세상을 이해하는

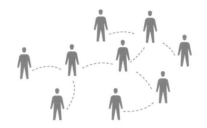

김범준의
과학상자

김범준 지음

바다출판사

차례

복잡한 세상을 이해하는
과학의 도구 모음

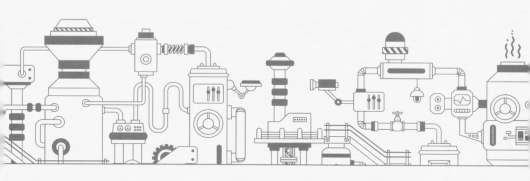

복잡계 과학이라 부르는 연구 영역이 있다. 한때 '한국복잡계 학회'라는 어마어마한 이름을 가진 학회의 회장을 맡기도 했지만, 나는 이 용어가 영 맘에 들지 않는다. 안 그래도 '과학=복잡한 것'이라고 생각하는 사람이 대다수인 우리 사회에서 '복잡계 과학'이라는 단어는 '역전앞'이나 '상갓집'처럼 '복잡한 것'의 동어 반복처럼 보여 마치 두 배로 복잡한 어떤 것, 혹은 복잡의 제곱(복잡^2)처럼 들린다.

　사실을 말하자. 많은 사람의 생각과 달리 과학은 어려울 수는 있어도 복잡하지는 않다. 복잡한 것은 과학 자체가 아니라 과학의 대상이다. 과학자의 눈앞에서 시시각각 변화무쌍하게 펼쳐지는 온갖 복잡한 현상을 이론이라는 도구를 가지고 단순하게 이해하는 것이 바로 과학의 정수다. '복잡한 것을 단순하게' 보는 것이 바로 과학이라는 말이다. 세상이 복잡하니 이론도 복잡해야 한다면 아무것도 이해할 수 없다. 세상에서 벌어지는 일을 정확히 이해하기 위한 이론이 세상처럼 복잡하다면 세상과 이론은 똑같을 것이기 때문이다. 우주 전체를 단 한 개의 입자도 놓치지 않고 정확히 기술하는 모형은 우주 자체일 수밖에 없다. 따라서 현상만큼 복잡한 이론의 존재는 이론의 부재나 매한가지다.

다행히 오늘날 우리에게는 복잡한 전체를 단순하게 흘깃 볼 수 있도록 도와주는 다양한 이론이 있다. 이 이론들은 마치 '맥가이버 칼'이라고도 부르는 스위스 군용 나이프와 닮았다. 어떤 복잡계를 연구하는지에 따라 꺼내 쓸 수 있는 다채로운 모양의 도구가 있다는 뜻이다. 대표적으로 세상을 점과 선이 이어진 네크워크, 즉 연결망으로 보는 방법이 있다. 플러스와 마이너스의 효과 사슬로 이어진, 다양한 과정의 집합 전체를 동역학적으로 이해하려는 시스템 다이내믹스system dynamics라는 방법도 있다. 구성 요소 하나하나가 따르는 행동 규칙을 정의하고 이들이 다른 요소와 상호 작용하는 형태의 동역학적 과정을 컴퓨터로 구현하는 행위자 기반 모형agent based model이라는 방법도 많이 쓰인다. 구성 요소 하나의 선택이 다른 구성 요소의 선택에 서로 영향을 미치는 상황을 고려하는 게임 이론game theory을 복잡계에 확대 적용하는 연구도 활발히 진행되고 있다. 연결망이라는 개념으로 덮을 수 있는 복잡계는 극히 일부분일 뿐이다. 연결망이라는 이름이 붙은 멋진

칼도 하나 들어있는, 복잡계 과학의 맥가이버 칼은 아직도 만들어
지는 중이다.

이 책은 독자에게 복잡계 과학의 맥가이버 칼이라고 부를 수
있는 여러 과학 상자를 전해 주고자 한다. 이 도구 모음으로 독자
는 그토록 복잡하고 어지러운 세상 속에서도 규칙을 찾고 의미를
이끌어 내는 눈을 얻을 수 있을 것이다.

복잡함이란 무엇인가

세상은 참 복잡하다. 사람들이 복작복작 살아가는 세상사만
복잡한 것이 아니다. 사람이 있든 없든 무심하게 진행하는 자연
현상도 마찬가지다. 예를 들어보자. 중고등학교 과학 시간에 배우
는 자유 낙하 운동이란 것이 있다. 손에 든 물체를 놓으면 물체는
바닥을 향해 시간에 대해 선형linear으로 늘어나는 속도로 떨어진
다. 중력 가속도 g가 일정한 경우 뉴턴의 운동 법칙을 통해 쉽게
이해할 수 있는 운동이다. 뉴턴의 운동 법칙 $F=ma$를 적고, 중력
F를 mg로 바꿔 적자. 이제 $mg=ma$를 얻고 따라서 $a=g$가 된다.[1]
가속도의 크기가 일정($a=g$)하고 가속도는 속도를 시간에 대해
미분($a=\dfrac{dv}{dt}$)한 것이므로 물체의 속도는 시간 t에 대해 선형으
로 늘어난다($v=gt$). 또 손에서 아래로 낙하한 거리 y는 v를 한 번
적분하면 $y=\int vdt=\int gtdt$로 얻어지고 $y=\dfrac{1}{2}gt^2$이 된다.

이 계산을 처음 접하는 사람에게는 미적분 기호가 들어간 수식이 무척 어려워 보일 수 있다. 하지만 논리의 전개가 복잡하지는 않다.[2] 많은 사람이 배우는 자유 낙하 운동에 뉴턴의 고전적인 운동 법칙을 적용해서 물체의 속도($v = gt$)와 위치($y = \frac{1}{2}gt^2$)를 구했다. 그런데 이 결과가 정말 올바른 걸까? 실제 물체의 운동을 정말 정확하게 설명하는 걸까?

엄밀하게 이야기하자면 위의 계산은 새빨간 거짓말이다. 계산이 거짓말인 데는 많은 이유가 있다. 먼저, 떨어지는 물체는 주변 공기로부터 저항력을 받는다. 계산에서는 이를 무시했으니 당연히 잘못이다. 또 중력 가속도는 지구 중심에서 물체까지의 거리가 달라지면 변한다. 손에서 놓은 물체의 위치가 아래로 떨어지면서 바뀌니 중력 가속도 g는 물체가 아래로 떨어지면 일정하지 않고 조금씩 커질 수밖에 없다. 계산은 이를 무시했다.

물체가 일단 움직여 속도를 가지면 뉴턴의 고전역학이 아닌 아인슈타인의 특수 상대성 이론을 이용해 물체의 운동을 기술하는 것이 맞다. 따라서 $F = ma$라고 처음에 적었던 것도 문제가 있다. 게다가 손에서 놓은 물체는 수많은 작은 원자의 모임이고 주변 공기도 수많은 기체 분자의 모임이다. 이처럼 작은 세상에서 벌어지는 일을 이해하려면 고전역학은 엄밀하지 않아 양자역학을 이용해야 하니 이것도 잘못이다.

더 심각한 문제도 있다. 떨어지는 물체에 영향을 미치는 주변 기체 분자의 운동을 제대로 이해하려면 공기를 이루는 기체 분자에 영향을 주는 지구의 운동, 지구에 영향을 주는 태양의 운동, 그리고 태양에 영향을 주는, 우리은하를 구성하는 뭇 별들과 암흑 물질까지 모두 고려해야 한다. 즉, 엄밀한 의미에서 손에서 놓은 물체는 교과서에서 배운 자유 낙하 운동으로 기술할 수 없다. 서로 상호 작용하는 뭇 알갱이계의 상대론적인 양자역학과 일반 상대론을 이용해 우주를 구성하는 모든 물질에 대해 이해해야 결국 우리가 손에서 놓은 물체의 운동을 정확히 알 수 있다는 말이다. 그리고 이렇게 어마어마한 방식으로 손에서 놓은 물체의 운동을 기술하는 것은 현대 물리학으로 계산이 가능한 범위를 한참 벗어나 있어 현재로서는(그리고 아마도 앞으로도) 정확한 결과를 얻는 것이 불가능하다.

이처럼 고등학교 때 배우는 자유 낙하하는 물체의 운동도 사실은 전 우주적인 규모에서 일어나는 엄청나게 복잡한 자연 현상이다. 손에서 놓은 실제 물체의 움직임은 매우 복잡하지만 우리는 간단한 자유 낙하 이론으로 물체의 움직임을 단순하게 어림[3]해서 설명한다. '복잡한 것을 단순하게' 보는 행위가 바로 과학이고 또 우리가 무엇인가를 조금이라도 이해하려면 '단순하게 보기'가 필수적이기 때문이다. 복잡한 것을 아무런 이론적인 단순화 과정 없이 있는 그대로 복잡하게 보아서는 아무것도 이해할 수 없다. 엄격한 의미로는 잘못된 이론임에도 자유 낙하라는 단순한 이론은 물체의 실제 움직임을 놀라울 정도로 정확히 묘사한다(물론 아주 정확하지는 않다).

세상에 단순한 현상은 없다. 우리가 그 현상의 복잡함을 이해하는 방식이 단순할 수 있을 뿐이다. 세상의 복잡함을 그대로 인정하는 태도가 복잡계 과학의 출발점이고 복잡한 세상을 가능한 단순한 이론으로 이해해보자는 것이 복잡계 과학의 방법론이다. 이렇게 보면 사실 '복잡계 과학'은 새로울 것 하나 없이 '과학'의 다른 이름일 뿐이다. 매일 매일 수행하는 연구에서 연구자가 사용하는 이론이 단순하다고 해서, 이론의 대상이 되는 원래의 자연이나 사회도 단순한 것은 결코 아니라는 점을 잊지 말자.

부분의 합보다 큰 전체

그렇다면 세상은 왜 복잡할까? 자연이든 사회이든 셀 수 없이 많은 성분으로 구성되어 있어 그런 걸까? 하지만 그저 구성 요소의 수가 많다고 복잡한 것은 아니다. 상자에 사과가 한 개 들었든 열 개 들었든 수억 개가 들었든 일관되게 똑같은 사과로만 채워져 있다면 그 상자는 어쨌든 사과 상자다. 반면, 우리가 연구하는 자연이나 사회는 그 구성 요소를 모두 더한 것 이상의 '무언가'가 된다. 이를 소위 '부분의 합보다 큰 전체'라고 말한다. 뒷부분에서 더 자세히 다룰 내용이지만 복잡계를 이해하려면 매우 중요한 개념이다. 부분을 더했다고 해서 전체가 되는 게 아니라는 말이 무슨 뜻일까?

액체인 물을 구성하는 물 분자를 하나하나 볼 수 있는 현미경이 있다고 상상해보자. 이 현미경으로 물 분자를 하나씩 세어 보자. 하나, 둘, 셋, 넷…… 물이든 얼음이든 수증기이든, 거시적인 물의 상phase이 달라도 그 속의 물 분자 하나하나는 정확히 같다. 물 분자 하나는 물이 아니다. 물 분자 하나의 스냅 사진으로는 이 분자가 물의 구성 요소인지, 얼음의 구성 요소인지 전혀 구별할 수 없다.

그럼 물 분자 몇 개가 모여야 거시적인 액체상인 물이 되는 걸까. 하나는 분명히 아니고 둘도 아니다. 셋도 여전히 부족해 보인다. 사실 명확한 경계는 없다. 우리가 입으로 마실 수 있고 손으로 휘저어 촉감을 느낄 수 있을 때 즉, 물이라는 액체의 물성을 거시적으로 확인할 수 있을 때가 바로 그 경계가 된다. 위의 질문에 대한 답은 '거시적인 물성이 출현할 정도로 충분히 많은 숫자'다. 물 분자 하나하나가 여럿 모여 물을 구성하지만 물 분자 하나가 물은 아니다.

비슷한 질문을 사람으로 이루어진 사회에 대해서도 해보자. 한 명, 두 명, 세 명…… 사회를 구성하는 사람의 숫자를 하나씩 세어보자. 몇 명부터 사람들은 사회가 될까. 한 명이 사회를 구성하는 것도 아니고, 두 명, 세 명도 적어 보인다. 통계물리학자인 나는 이 질문이 물에 대한 질문과 질적으로 크게 다르지 않다고 본다. 사람도 많이 모이면 한 사람 한 사람에게서 볼 수 없는 거시적인 특성이 출현하기 시작한다. 여럿이 함께 만들어내는 거시적인 특성을 우리는 사회 현상이라 부른다. 사람 한 명 한 명이 여럿 모여 사회를 구성하지만 사람 한 명이 사회는 아니다.

통계물리학을 공부하면 가장 먼저 배우는 주제가 상호 작용이 없는 입자들로 구성된 시스템[4]이다. 상호 작용이 없다면 전체의 특성은 구성 요소 하나의 특성으로 모두 결정된다. 이 경우에는 하나를 알면 전체를 알 수 있다. 예를 들어 입자 사이에 상호 작용이 없다면 전체의 에너지와 엔트로피는 입자 하나의 에너지와 엔트로피에 입자의 수를 각각 곱하면 간단히 얻어진다.[5] 이처럼 상호 작용하지 않는 부분들이 서로 모여 구성된 전체는, 전체를 구성하는 부분을 알면 전체를 단박에 모두 이해할 수 있다. 상호 작용이 없는 문제에 대해 수업한 후 내가 학생들에게 늘 강조하는 얘기가 있다. "참 쉽죠? 근데 현실 세상에 이런 물리계는 없어요."

온도를 올리면 얼음은 물이 되고 물은 끓어 수증기가 된다. 이렇게 물질의 거시적인 상이 변하는 것이 상전이다. 정확히 같은 구성 요소로 이루어져 있고 상호 작용의 꼴도 온도에 따라 전혀 달라지지 않는데도 불구하고, 거시적인 물질의 특성이 급격히 변하는 현상은 무척 흥미롭다. 통계물리학이 발전하는 역사적 과정에서 상전이는 꾸준히 연구되어온 중요한 주제였다. 상호 작용이 없는 계는 상전이가 없다. 온도가 변한다고 해서 거시적인 특성이 급격히 변하지 않는다. 현실의 모든 물질은 온도와 압력을 변화시키면 상전이를 보여준다는 사실을 생각하면, 상호 작용이 없는

계는 극단적으로 현실을 단순화한 이론상의 모형일 뿐이다.

세상에 상호 작용하지 않는 구성 요소로 이루어진 물리계는 하나도 없다. 상호 작용을 무시하고서 물리계를 이해하려는 시도는 자유 낙하 모형으로 떨어지는 물체를 설명하는 방식과 닮았다. 그런 모형은 어림일 뿐이다. 만약 물 분자 사이에 상호 작용이 없다면 수증기가 물이 될 수도, 물이 얼어 얼음이 될 수도 없다. 상호 작용을 무시하는 어림은 현실을 제대로 설명할 수 없다.

현실의 사회도 마찬가지다. 사회를 구성하는 요소는 서로 독립적이지 않다. 끊임없이 다른 구성 요소와 상호 작용한다. 오늘 아침 일어나 지금까지 독자가 보낸 시간을 돌이켜 보라. 우리는 모두 다른 이와 끊임없이 영향을 주고받으며 살아간다. 상호 작용이 존재하는 물리계는 입자 하나를 이해한다고 해서 전체를 이해할 수 없다. 전체를 부분의 합과 다르게 만드는 가장 중요한 요소가 바로 상호 작용이다. 마찬가지로 사회에서 거시적인 현상이 갑작스럽게 출현하는 현상을 개인 하나의 행동으로는 설명할 수 없다. 사회 현상을 제대로 이해하려면 사람 사이의 상호 작용, 혹은 관계 맺음을 살펴야 한다. 사회는 결국 연결된 여럿이다. 연결된 여럿이 커다란 변화를 만든다. 전체를 부분의 합보다 크게 만드는 것은 바로 관계 맺음이다.

20세기의 '복잡함'이란

앞에서 도대체 '복잡함'이라는 개념의 의미가 정확히 무엇인지 설명하지 않고 이야기를 진행했다. 그 이유는 과학자들이 아직도 '복잡함'의 정도를 측정하는 양이 무엇인지 엄밀히 알지 못하기 때문이다. 물리학에는 마지막 알파벳이 'y'자 돌림자로 끝나는 에너지energy나 엔트로피entropy 같은 정량적인 양이 있다. 에너지와 엔트로피를 식의 왼쪽에 적으면 등호의 오른쪽에 무엇을 적을지 현대의 물리학자는 잘 알고 있다. 마찬가지로 우리가 복잡한 정도를 측정하는 '복잡도complexity'라는 양을 정의하고 측정할 수 있다면 좋겠지만 아직 모든 과학자가 동의하는 양으로서의 '복잡도'는 정의되어 있지 않다. 복잡계 과학을 영어로는 'science of complex systems(복잡한 시스템에 대한 과학)' 혹은 'science of complexity(복잡성 과학)'이라 부른다. 나는 복잡도 혹은 복잡성을 뜻하는 'complexity'가 등장하는 후자의 용어보다는 전자가 더 낫다고 믿는다. 'y'자 돌림으로 끝나는 'complexity'를 식의 좌변에 놓는다면 등호의 오른쪽에 무엇을 적을지를 여전히 잘 모르기 때문이다.

21세기 현재 진행형의 복잡계 과학을 소개할 때의 어려움이 하나 있다. 복잡계 과학이 발전하는 역사에서 '복잡'이라는 개념이 지난 20세기에 지금과는 좀 다른 맥락에서 등장한 적이 있다는 것이다. 1963년 미국의 기상학자 에드워드 로렌츠Edward Lorenz는 단 세 개의 수식[6]으로 기상 현상을 단순화해 기술하는 미분 방정식을 컴퓨터 프로그램을 이용해 계산했는데, 처음 계산에 들어가는 초기 조건[7]을 약간 변화시키면 그 결과가 엄청 달라질 수 있다는 사실을 발견했다. 그는 이 발견을 "브라질에서 나비 한 마리가 날개를 퍼덕이는 것이 텍사스에서 토네이도를 만들 수도 있다"라고 재미있게 표현해 '나비 효과butterfly effect'라는 용어가 탄생했다.

이처럼 처음 조건에 대해 극도의 민감성을 보이는 것을 '카오스 현상'이라고 한다. 카오스를 발견한 후 과학자들이 다시 찬찬히 자연을 들여다보자 자연에는 카오스 현상이 정말 자주 발생한다는 사실을 알게 됐다. 비선형 동역학 분야의 연구에 따르면 변수가 3개 이상 결합된 비선형 일차 미분 방정식에서 카오스는 예외적이 아니라 보편적인 현상이다.[8] 마찬가지로 태양과 지구 사이를 지나가는 제3의 천체의 움직임을 고려하면 지구의 움직임도 카오스를 나타낼 수 있으므로 지구 공전 궤도의 안정성은 결코 증명될 수 없다. "지금까지 수십 억 년 우리 지구가 안정된 궤도를 그리며 태양 주위를 얌전히 돌았다고 해서 앞으로도 계속 그럴 것이라는 예측을 이론적으로 증명하려는 시도는 불가능하다"는 점이 입증됐다는 뜻이다. 멀리 갈 것도 없이 막대기 두 개로 연결된 단순한 진자의 움직임에서도 카오스가 보인다.[9]

시간이 연속적으로 변하기보다는 하루나 한 해처럼 띄엄띄엄한 경우는 미분 방정식이 아니라 차분 방정식 혹은 '본뜨기map'의 꼴로 현상을 기술한다. 가장 대표적인 것이 바로 '병참 본뜨기 logistic map'인데 $x_{n+1}=rx_n(1-x_n)$라는 딱 한 줄의 식이다. 이런 꼴을 본뜨기라고 부르는 이유는 띄엄띄엄한 시간 n에서 변숫값 x_n이 주어지면 다음 시간 $n+1$에서 변숫값 x_{n+1}이 정확히 결정되기 때문이다. 마치 지도map 위의 한 점이 실제 지형의 딱 한 점에 정확히 대응하듯이 말이다.

조절 변수인 r값이 주어질 때 병참 본뜨기를 계속 진행하며 $(n \to \infty)$ x가 어떤 값으로 수렴하는지(이 수렴값 $x_\infty = \lim_{n \to \infty} x_n$을 끝개attractor라 부른다) 그림을 그려보면 아주 흥미로운 모양을 얻는다. r값이 작을 때는 딱 하나의 값으로 x가 수렴하다가 두 개의 수렴 값이 가능한 r의 영역이 생겨서 두 가지로 선이 갈라지고[10] 이는 또 네 개의 가지로, 그리고 여덟 개의 가지로 분기한다. 어떤 r값에서는 n이 충분히 커져도 x가 몇 개의 값으로 수렴하지 않고 들쑥날쑥 계속 달라져서 그림에 무수히 많은 점이 모여 수직 방향의 선처럼 보이는 영역이 생기는데, 바로 이곳이 카오스의 영역이다. 처음 병참 본뜨기를 시작($n=1$)하는 x의 값(x_1)이 아주 조금만 달라져도 이후에 도달하는 값이 달라진다. 카오스를 보이는 영역에서는 처음 시작하는 값에 민감하게 의존할 뿐 아니라, 아무리 오래 기다리더라도 n이 하나씩 늘어날 때마다 계속 다른 값을 가지게 되어 예측이 불가능하다. 병참 본뜨기 말고도 이처럼 단 한 줄의 수식으로 카오스를 만들어내는 많은 시스템이 있다.

지금까지 설명한 시스템(로렌츠 방정식, 두 막대 진자, 병참 본뜨기)에는 두 가지 공통점이 있다. 첫째, 시스템의 구성이 아주 단순해서 단 몇 개의 결정론적인 수식으로 기술된다. 그리고 이처럼 단순한 시스템일지라도 둘째, 시스템이 보여주는 현상이 아주 '복잡'하다.

정리하자면 20세기 중후반부에 다양한 학문 분야에 영향을 미친 비선형 동역학과 카오스에서의 '복잡함'이란, 시스템 '구성의 복잡함'이 아니라 시스템이 보여주는 '결과 혹은 현상의 복잡함'이었다. 많은 과학자가 카오스에 열광한 이유도 바로 이 때문이었다. 단순함이 보여주는 복잡함, 단순성 속에 숨은 무한의 복잡성은 정말 놀라운 발견이었다. 이와 더불어 우리 눈에 보이는 현상이 엄청나게 복잡한데도 이 복잡한 현상을 어쩌면 단순한 원리를 따르는 몇 개의 변수로 간단하게 기술할 수도 있다는 점은 정말 흥미로웠다.

카오스 이론의 핵심은 예측 불가능성

과학철학의 역사에서 카오스와 비선형 동역학이 미친 영향도 심오하다. 프랑스의 수학자 라플라스는 뉴턴의 결정론적인 고전 역학의 테두리 안에서, 우주에 있는 모든 입자에 대한 정보가 주어지면 이를 이용해 우주의 미래를 낱낱이 알 수 있는 절대 지성의 가능성을 이야기했다. 카오스는 바로 이 절대 지성을 갖춘 라플라스의 악마를 몰아낸 퇴마사의 역할을 했다. 카오스는, 결정되어 있다고 예측할 수 있는 것은 아니라는 점을, 결정론determinism과 예측 가능성predictability이 다른 것이라는 점을 명확히 알려주었다.

카오스와 비선형 동역학의 연구 결과가 타 학문 분야로 파급될 때 오해가 생기고는 했다. "처음 조건에의 민감성 때문에 장기적인 예측이 불가능하다"라는 카오스 이론의 결과는 "카오스를 보이는 시스템이라도 단기적인 예측은 가능하다"라는 식으로 잘못 해석됐다. 그렇기에 "주식 시장에서 주가를 장기적으로 예측하는 것은 불가능하지만, 내일의 주가는 예측이 가능하다는 점을 카오스 이론은 증명했다"라는 말은 틀렸다.

'장기적인 예측의 불가능성'은 시스템에 있는 아주 짧은 미시적인 시간 스케일보다 몇 배 정도의 시간만 흘러도 예측이 불가능하다는 말이다. 따라서 실질적으로 우리가 시스템의 행동을 관찰하는 시간 스케일 정도가 되면 미래 예측은 전적으로 불가능하다. 장기적인 예측의 불가능성이 단기적인 예측의 가능성을 의미하는 것은 아니다.

카오스 이론의 결과인 "아무리 구성이 단순한 시스템이어도 얼마든지 복잡한 현상을 만들어 낼 수 있다"가 그르게 해석되어 생긴 오해도 있다. 얼마든지 복잡한 현상이라도 우리는 항상 그 현상을 설명하는 몇 개의 변수로 이루어진 단순한 수식을 찾아낼 수 있다는 오해다. 예를 들어 "주식 시장에서 주가의 시간 변화가 카오스를 보이며 복잡하므로 주가의 변화는 몇 가지 변수로 이루어진 간단한 미분 방정식으로 설명할 수 있다"라고 주장하는 식이다. 독자가 만약 어떤 연구자가 카오스 이론을 이용해서 무엇인가를 '예측'한다고 주장하는 것을 보면 항상 '회의'의 눈으로 보기를. 십중팔구는, 아니 백 중 구십구는 그 연구자가 잘못 이해하고 있음에 틀림없다. 카오스 이론의 핵심은 예측 가능성이 아닌 예측 불가능성이다.

21세기 복잡계 과학에서의 '복잡함'이란

20세기 후반까지의 '복잡함'은 주로 카오스와 비선형 동역학 영역에 나타나는 '구성이 단순한 시스템이 보여주는 현상, 혹은 결과의 복잡함'이었다. 다시 말하지만 실제 세상에서 단순한 것은 하나도 없다. 즉, 카오스와 비선형 동역학에서 이용한 수식의 단순함은 세상의 단순함이 아니라 복잡한 세상을 기술하는 이론의 단순함인 것이다.

21세기가 시작되며 많은 연구자가 관심을 가진 '복잡계complex system'에서는 카오스와 비선형 동역학과 달리 실제 세상의 '복잡함', 그중에서도 실제 세상에 있는 '구성의 복잡함'을 정면으로 마주하고자 한다. 연구자들의 관심이 '구성이 단순한 시스템이 보여주는 결과의 복잡함'에서 '구성 자체가 복잡한 시스템'으로 이동했다는 말이다.

복잡계 과학에서 대상으로 삼는 사회 현상과 자연 현상은 구성이 복잡해서 엄청나게 많은 구성 요소들이 서로 영향을 주고받는 시스템이다. 이러한 복잡계의 거친 정의에서 구성 요소들이 서로 영향을 주고받는다는 점, 즉 서로 상호 작용을 한다는 점이 아주 중요하다. 구성 요소끼리 서로 상호 작용하지 않는 시스템에서는 요소 하나를 택해 잘 살펴보기만 해도 전체 시스템이 보여주는 현상을 이해하는 데 아무런 어려움이 없다. 상호 작용이 없다면 시스템 전체의 특성은 개별 구성 요소 하나하나의 단순한 합으로 쉽게 표현될 수 있기 때문이다. 노벨상 수상자인 미국의 물리학자 필립 앤더슨Philip Anderson은 복잡계의 의미를 "많으면 달라진다More is different"라는 말로 설명했다. 복잡계에서 "전체는 부분들의 합 그 이상The whole becomes not merely more, but very different from the sum of its parts"이라는 뜻이다.

모든 이론은 필연적으로 단순화의 과정을 담고 있다. 복잡계 과학은 자연 현상과 사회 현상의 복잡함을 단순화 없이 받아들이지만, 과학인 만큼 다양한 방법을 동원한 단순화로 복잡함을 연구한다. 앞서 말했듯 21세기에 엄청난 파급을 만들어낸, 복잡계에 대한 성공적인 단순화 방법의 한 사례가 바로 복잡한 연결망이다. 연결망으로 된 관계가 우리 주변에는 참 많다. 수많은 컴퓨터가 서로 통신 케이블에 의해 연결된 인터넷, 사람 사이의 사회 연결망, 그리고 자동차가 움직이는 도로 연결망, 공항과 공항을 잇는 항공 연결망이 그 사례다. 이런 연결망의 공통점은 구성 요소가 서로 어떤 관계로 연결되어 있다는 사실이다. 네트워크 안에서 연결의 대상이 되는 점을 노드node, 그리고 두 노드를 연결하는 선을 링크link라 부른다. 물론 연결망에 따라 노드와 링크가 지칭하는 대상은 달라진다. 항공 연결망에서는 공항이 노드, 두 공항을 잇는 항공편이 링크라면, 누리 소통망Social Network Service, SNS인 페이스북에서는 각 사용자가 노드, 두 사람을 연결하는 친구 관계가 바로 링크다.

수많은 구성 요소가 상호 작용하는 시스템인 복잡계는 대개 연결망의 형태를 가질 수밖에 없다. 복잡한 연결망에 대한 연구를 처음 시작할 때에는 연결망을 구성하는 노드와 링크에 있는 구체적인 성격 차이를 무시하는 식으로 단순화해 연구를 진행했다. 즉, 똑같은 성질을 갖는 노드들이 똑같은 성질을 갖는 링크들에 의해 연결된 구조를 생각했던 것이다.[11] 또한 연결망의 구조가 시간에 대해 변하지 않는 정태적static인 경우만을 주로 고려하기도 했다.

극히 단순화된 방법이었음에도 복잡한 연결망이라는 연구 방법론이 다양한 학문 분야에서 거둔 성과는 눈부시다. 연결망 안에서 다른 노드들에 비해 더 많은 링크를 가진 노드[12]를 '허브hub'라고 부른다. 같은 크기의 점과 같은 두께의 선의 집합인 연결망이라도 연결의 구조만을 살펴서 어떤 노드가 허브인지를 쉽게 계산해 낼 수 있다. 그리고 이러한 허브 노드들이 연결망 전체의 작동에서 실제로 중요한 역할을 한다는 사실이 밝혀졌다.

생화학적인 지식이 거의 없는 물리학자라도 세포의 생화학적인 연결망을 분석해 어떤 생화학 물질이 세포의 생사를 결정하는 역할을 하는지 찾아낼 수 있었다. 또, 전염병 전파에 대한 지식이 거의 없는 연구자라도 사람 사이를 잇는 사회 연결망 구조를 이용해 백신을 배포하는 효율적인 방법을 제안할 수도 있었다.

손에서 놓은 물체의 운동을 기술하는 단순한 자유 낙하 이론은 공기의 저항력을 무시했다. 떨어뜨린 높이가 높아서 물체의 속도가 빨라지면 저항력을 무시한 어림은 결과의 정확도를 떨어뜨린다. 이때는 자유 낙하 이론에 더해 공기의 저항력을 추가로 고려하는 식으로 이론의 복잡성을 증가시켜 정확도를 높일 수 있다. 마찬가지 방식으로 복잡한 연결망 연구에서도 연구의 정확도를 높이려는 시도가 이루어졌다. 연결망의 구조가 시간에 대해 변할 수 있다는 것을 허락하거나, 링크가 다 같은 것이 아니라 더 강한 링크와 더 약한 링크가 있다는 전제를 받아들이거나, 나아가 링크의 방향을 생각하거나[13], 혹은 우리가 사는 세상의 연결망이 하나가 아니라 서로 연결된 중층적인 구조의 여러 연결망[14]에 가깝다는 등 이론의 확장이 꾸준히 이루어져 왔다.

그럼에도 다시 강조하지만 '연결망으로 보기'도 여전히 실제 복잡계에 대한 엄청난 단순화라는 사실을 잊지 말기를 당부한다. 실제 복잡계의 풍부함은 복잡계의 뼈대로 비유할 수 있는 연결망의 골격 구조만으로는 온전히 설명할 수 없다. 어떤 복잡계는 굳이 연결망이라는 도구를 이용하지 않아도 얼마든지 연구를 진행할 수 있다. 특히 복잡계의 한 구성 요소가 시스템 안의 다른 구성 요소 모두와 동일한 정도로 상호 작용하는 경우에는 '연결망으로 보기'는 사실 불필요하다. 복잡계 과학의 방법론은 맥가이버 칼과 같다. 상황에 맞게 여러 도구를 꺼내 쓸 수 있는 것이다.

그럼 어떤 도구들이 있을까? 먼저 전체를 보고자 할 때 빼놓을 수 없는 연결망이라는 도구를 살펴보고 그다음에 복잡한 세상을 꿰뚫는 도구는 얼마나 다양한지, 또 이를 어떻게 활용할 수 있는지 이제부터 함께 여정을 시작해보자.

과학
상자

1

얽히고설킨 관계를
점과 선으로 그리는 법

우리 세상을 연결망으로 보기

우리는 대통령 선거 득표율이나 한 학교에 있는 모든 학생 키의 평균을 도출할 때 통계를 이용한다. 특정인 한 사람이 누구에게 투표했는지 궁금할 때 통계학을 쓸 이유는 없다. 이처럼 하나가 아닌 여럿이 궁금할 때 쓰는 게 통계다. 물리학의 세부 연구 분야인 통계물리학도 마찬가지다. 입자가 여럿일 때 나타나는 전체의 거시적인 특성을 연구한다. 지금 독자가 있는 공간 안에는 수많은 기체 분자가 활발히 움직이고 있다. 통계물리학은 많은 수의 기체 분자가 모여 상호 작용하면서 만들어내는 전체의 온도, 압력, 부피와 같은 거시적인 특성을 통계적인 방법으로 설명한다.

분자끼리는 단순한 방식으로 상호 작용을 하는데도 전체는 놀라운 특성을 보여줄 때가 있다. 얼음 조각의 보석 같은 반짝임을 물 분자 하나에서 볼 수 없는 것처럼, 전체는 개별 물 분자 하나에서는 전혀 볼 수 없는 거시적 특성을 가지고 있다. 이처럼 구성 요소로 환원할 수 없는 거시적 특성이 새롭게 출현하는 현상을 떠오름 또는 창발emergent이라 한다.

점과 선으로 구성된 복잡한 연결망은 창발적인 복잡계를 이해하는 데 있어 가장 근본적인 뼈대라 할 수 있다. 미국의 건축가 루이스 설리번은 '형태는 기능을 따른다Form follows function"라는 말을 남겼다. 이를 복잡계에 비유해보면 복잡계가 보여주는 거시적인 현상은 복잡계의 형태, 즉 복잡계 뼈대인 복잡한 연결망의 구조와 밀접하게 관련된다는 말이 된다. 이번 장에서는 복잡계의 구성 요소를 점과 선으로 그려 그 관계를 파악하는 도구에 대해 이야기하겠다.

점을 연결하는 방법

초등학교 때 친구가 낸 한붓그리기 문제가 있었다. 독자들도 한번 해보시길. 〈그림 1〉의 맨 왼쪽에는 사각형 안에 대각선이 두 개 들어있는 모양이 있다. 펜을 종이에서 떼지 않고, 그리고 도형에 있는 선은 딱 한 번씩만 펜으로 그리는 방법으로 한 번에 이 모습을 그릴 수 있을까. 몇 번 해보면 잘 안 되는 것을 알 수 있다. 다음에는 대각선 두 개가 들어있는 이 사각형에서 윗변을 택하고,

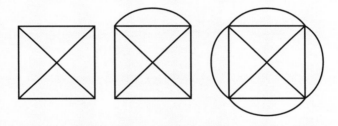

그림 1 초등학생 때 나를 괴롭힌 한붓그리기 문제.

이 변의 양 끝 모서리를 사각형의 밖에서 둥글게 선으로 연결한 〈그림 1〉의 가운데 그림을 보자. 안 되던 한붓그리기가 선을 하나 더 이어 붙였더니 이제 드디어 가능하게 된다. 사실 초등학생인 나를 며칠 고생시킨 문제는 대각선이 두 개 있는 사각형의 네 모서리마다 호가 하나씩, 모두 네 개가 붙어 동서남북이 같은 모습인 〈그림 1〉의 맨 오른쪽 모습의 도형이었다. 며칠 이리저리 해보다 결국 포기했던 기억이 난다. 그때는 이 문제가 수학의 그래프 이론을 창시한 오일러에 의해 수백 년 전에 이미 풀린 문제라는 사실을 몰랐다.

지금은 러시아의 칼리닌그라드인 쾨니히스베르크는 철학자 임마누엘 칸트가 태어나 평생 살았던 도시다. 1736년 스위스의 수학자 레온하르트 오일러는 이 도시에 있는 일곱 개의 다리를 하나도 거르지 않고 딱 한 번씩만 건너서 출발한 위치로 돌아올 수 있는지를 묻는 '쾨니히스베르크의 일곱 다리 문제'에 해답이 없다는 사실을 증명하는 과정에서 수학의 새로운 분야인 그래프 이론을 창시한다. 이것이 한붓그리기 문제다.

〈그림 2〉의 위쪽에 있는 쾨니히스베르크의 지도를 보자. 도심을 가로지르는 강물에 의해 도시 전체가 크고 작은 지역으로 나뉜다. 가운데에 서울의 여의도 같은 큰 섬도 보인다. 이번에는 〈그림 2〉의 가운데 그림을 보자. 녹색으로 칠해진 네 개의 영역이 바로 강으로 나뉜 도시의 네 지역에 해당한다. 이 네 개의 지역 각각을 파란색 점, 즉 노드에 대응시키고, 다리는 파란색 점을 잇

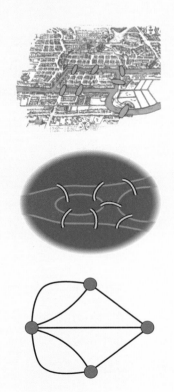

그림 2 쾨니히스베르크의 일곱 다리. 가운데 그림은 위쪽 지도를 단순하게
표시한 것이다. 가운데 그림에서 녹색의 영역 각각을 파란 점 하나로 바꿔
더 단순하게 줄인 그림이 아래쪽 그림이다. 실제 지도에서 하는 쾨니히스
베르크의 일곱 다리 문제나 아래쪽 그림의 연결망으로 표현된 한붓그리기
문제나 똑같은 문제다. (그림 출처: 위키피디아)

는 선으로 그리면 어렵지 않게 쾨니히스베르크의 일곱 다리 문제를 〈그림 2〉의 아래쪽 그림처럼 연결망의 꼴로 표현할 수 있다. 이 연결망의 꼴로 표현된 그림에서 왼쪽 파란 점이 바로 도시 가운데의 섬에 해당한다. 섬을 다른 지역과 연결하는 다섯 개의 다리는 다섯 개의 연결선, 즉 링크로 표현되어 있다.

오일러가 창시한 그래프 이론은, 2016년 노벨 물리학상을 받은 연구 분야인 위상 수학topology과도 관련 있다. 연결망의 꼴로 표현한 〈그림 2〉의 아래쪽 그림에서 점을 잇는 선들을 고무줄처럼 늘어날 수 있는 것으로 생각해 파란 점 하나를 손가락으로 집어 어디로 옮기더라도 한붓그리기가 될지 안 될지 그 답이 변할 리 없다. 즉, 손가락으로 집고 고무줄을 늘여 다른 곳으로 이동하는 연속적인 변환을 해도 연결망의 구조는 변하지 않는다. 마치 손잡이 구멍이 있는 머그컵을 변형이 가능한 찰흙처럼 생각해 도넛의 모양으로 연속적으로 변화시켜도 구멍의 숫자는 변하지 않는 것처럼 말이다. 위상 수학은 바로 이처럼 연속적으로 변환해도 변하지 않는 특성을 연구하는 분야다.

쾨니히스베르크의 일곱 다리 문제를 연결망의 꼴로 표현한, 〈그림 2〉의 아래쪽 그림을 다시 보자. 파란색 점들 각각에 연결된 연결선의 수를 세어 보면 5, 3, 3, 3이어서 모두 홀수다. 이처럼 점에 붙은 연결선이 홀수인 점을 '홀수점'이라 부르자. 즉, 쾨니히스베르크의 일곱 다리 문제를 연결망의 구조로 표현하면 연결망에 있는 네 개의 점은 모두 홀수점이 된다.

일반적인 연결망 구조에서 한붓그리기를 하며 한 점을 거쳐 가는 장면을 머릿속에 떠올려 보라. 그리다가 새로 처음 방문한 점에 들어온 선이 그 점을 거쳐 나가면 점에 붙은 연결선은 들어온 선, 나간 선, 이렇게 두 개가 되어서 이 점은 짝수점이 된다. 다시 이 점에서 나가서 연결망의 다른 부분을 한붓그리기로 이어 그리다가 또다시 바로 이 점으로 돌아오고 또다시 나가면 이제 이 점에 이어진 연결선의 수는 4가 되어서 여전히 짝수점이다. 몇 번을 거쳐 선이 지나더라도 짝수점에 들어온 선은 반드시 나가야 한다. 그렇다면 홀수점에는 마지막에 들어온 한붓그리기의 선이 나가지 않거나, 아니면 나간 선이 들어오지 않아야 한다.

　따라서 만약 홀수점이 두 개라면 그중 한 홀수점에서 한붓그리기가 시작되어 다른 홀수점에서 끝나야만 한다. 홀수점이 두 개 있는 연결망에서 짝수점에서 시작하면 절대 한붓그리기를 할 수 없다. 조금만 생각해보면 만약 홀수점이 쾨니히스베르크의 일곱 다리처럼 네 개라면 당연히 한붓그리기를 할 수 없다. 넷 중 하나는 시작점, 다른 하나는 종착점으로 써도 여전히 두 개의 홀수점이 남는다. 그리고 남은 두 홀수점으로는 갈 수 있는 방법이 없다.

　위상 수학과 연결망의 공통점이 또 있다. 관심 있는 문제가 전역적global이라는 점이다. 국소적local이 아닌 전역적인 특성은 말 그대로 주어진 대상 전체를 보지 않으면 알 수 없다. 머그컵에 구멍이 난 손잡이가 있는지 없는지는 머그컵의 작은 부분을 아무리 현미경으로 확대해봐도 결코 알 수 없고, 주어진 모양이 한붓그리기가 될지 안 될지를 결정할 때도 연결망의 부분만 봐서는 절대로 알 수 없다. 지금 보고 있는 부분의 연결망 저 반대편에 홀수점이 하나 더 있는지가 전체 연결망이 한붓그리기를 할 수 있는지 아닌지를 결정하기 때문이다.

자, 초등학생인 나를 괴롭혔던 문제를 다시 보면 이제 너무나 쉽게 답이 보인다. 〈그림 1〉의 첫 번째 도형은 홀수점만 네 개여서 불가능, 두 번째 도형은 홀수점 두 개, 짝수점 두 개라 가능, 세 번째 도형에 있는 네 개의 점은 모두 연결선의 수가 각각 5인 홀수점이니 한붓그리기 불가능. 초등학생 때 그래프 이론을 알았다면 며칠 고생하지 않고 이 도형이 한붓그리기가 불가능한 도형이라는 것을 친구에게 금방 얘기했겠지만 뭐 후회는 없다. 그래프 이론이야 얼마든지 나중에 커서 배우면 되지만, 한붓그리기가 왜 안 될까 고생해보는 경험은 초등학생이 아니면 언제 또 해보겠는가. 내가 아는 과학자 중에는 아주 어려서 수십 장의 종이에 1, 2, 3…… 계속 숫자를 하나씩 늘려 써보고는 가장 큰 숫자가 없다는 사실을 스스로 경험으로 깨쳤다는 분도 있다. 해보고 깨닫는 것은 생생한 경험이 되어 평생 남는다. 아, 가장 큰 수를 얘기해달라고 아이가 물을 때 쓸 수 있는 재밌는 장난이 있다. 그냥 대충 10000처럼 머리에 떠오르는 숫자를 불러주는 것이다. 아이는 내가 얘기한 숫자가 가장 큰 숫자가 아니라고 말하며 십중팔구 그 예로서 내가 답한 숫자보다 1이 더 큰 10001이 있다고 말한다. 그러면 "아, 아깝다. 거의 맞췄는데"라고 답하면 된다.

여섯 단계만 거치면 모두 만난다

사람들이 얼마나 쉽게 권위에 복종하는지를 보여준 심리학 실험으로 잘 알려진 미국의 사회심리학자 스탠리 밀그램Stanley Milgram은 사회 연결망social network에 관한 실험으로도 유명하다. 밀그램은 미국 중부의 네브래스카 지역에 사는 사람 160명을 택해 보스턴의 한 주식 중개인에게 소포를 전달해달라고 부탁했다. 소포를 우체국에 가져가 부치는 것이 아니다. 소포를 받은 사람에게 이렇게 부탁하는 것이다. 최종 수취인은 보스턴에 사는 주식 중개인인데 당신이 아는 사람 중 이 중개인에게 소포를 전달할 수 있을 것 같은 사람에게 주라고 말이다.

밀그램은 이 실험에서 '자신이 아는 사람'을 성을 뺀 이름만 부를 수 있을 정도first-name basis의 친밀한 사람으로 정의했다. 아주 친할 필요는 없지만 어쨌든 적어도 얼굴을 마주 보고 인사한 적은 있어서 분명히 아는 사람에게만 꾸러미를 전달하라고 부탁한 것이다. 그 결과 모두 64개의 소포가 최종 수취인인 보스턴의 주식 중개인에게 전달되었다. 도착한 소포를 분석해 보니 평균 여섯 단계를 거쳐서(혹은 평균 다섯 명이 중간에 다리를 놓아서) 전달되었다는 사실을 알 수 있었다. 이 실험은 인구가 수억 명이나 되는 미국에서 생면부지의 두 사람을 마구잡이로 택했는데도 평균 여섯 단계면 두 사람이 연결될 수 있다는 점을 보인 것이다. 수억 명에 여섯 단계라.

만약 밀그램의 실험에 참여한 사람이 미국 네브래스카에 사는 사람이 아니라 지금 이 글을 읽고 있는 독자였다면 어땠을까? 독자는 이 소포를 생면부지인 보스턴의 주식 중개인에게 몇 단계를 거쳐 전달할 수 있을까? 독자가 기억할 것은, 일단 미국 안으로 소포를 전달할 수 있다면 미국 안에서는 여섯 단계 정도면 전달된다는 점이다. 미국에 아는 사람이 한 명이라도 있는지? 만약 그렇다면 독자는 밀그램의 소포를 일곱 단계를 거쳐 전달할 수 있다. 독자가 미국의 아는 지인에게 전달하는 단계가 한 단계, 그리고 미국 안에서 여섯 단계, 더해서 모두 일곱 단계다. 혹시 미국에 아는 사람이 단 한 명도 없는 독자라면 주변의 친구들을 떠올려 보라. 아마도 미국에 아는 사람이 적어도 한 명은 있는 친구가 분명히 있을 것이다. 그런 친구가 없다면 내게 부탁하시라. 그 친구를 통하든 나를 통하든 모두 여덟 단계면 소포를 전달할 수 있다.

사실 이 상상의 실험을 굳이 우리나라에서 시작할 필요도 없다. 어느 나라에서 시작해도 일곱, 여덟 단계면 소포를 전달할 수 있을 것으로 예상할 수 있다. 우리나라를 포함한 전 세계 인구는 80억 정도니 3억 정도인 미국 인구의 10배를 훌쩍 넘는다. 수억에서 수십억으로 10배 이상 사람 수가 늘었는데 경로의 길이가 딱 한두 단계 늘어난다. 10배에 한 칸 정도씩인 것이다. 혹시 로그 함수라는 것을 배운 기억이 나는지? 10배가 늘었는데 딱 1만 증가하는 것이 바로 로그 함수다. 그리 어려운 얘기는 아니다. 로그는 숫자 1만을 10000처럼 쓸 때 1 뒤에 0이 몇 개가 있는지를 센다고 이해하면 된다. 1만이면 0이 4개니 1만의 로그값은 4이고, 10만이 되어 10배가 되면 로그값은 5가 되어 딱 1이 늘어난다. 앞에서 설명한 미국과 전 세계를 대상으로 상상해본 밀그램 실험 결과가 정확히 이렇다. 사회 연결망에서 두 사람을 잇는 경로의 길이는 사회 연결망을 구성하는 사람의 숫자가 늘어날 때 로그 함수의 꼴로 천천히 늘어난다.

다르게 이해할 수도 있다. 한 사람이 아는 사람의 수가 100명 정도[2]라고 해보자. 밀그램의 소포를 받은 사람은 한 단계에 100명을 연결한다. 두 단계면 1만 명, 세 단계면 100만 명, 네 단계 1억 명, 다섯 단계 100억 명이다. 단계의 수가 늘어날수록 연결할 수 있는 사람의 수는 더하기가 아니라 곱하기로 늘어난다. 기하급수적 혹은 지수 함수의 꼴로 늘어난다. 이처럼 곱하기로 늘어나는 숫자는 그 속도가 정말 빠르다. 두께가 0.1mm에 불과한 신문지를 절반으로 접는 것을 딱 42번 반복한 뒤 그 위에 올라서면 머리가 달에 닿고, 88번 접으면 안드로메다 은하에 닿는다. 지수 함수는 이처럼 정말 빠르게 늘어나는 함수다. 지수 함수의 역함수가 바로 로그 함수니, 사람의 수가 늘어날수록 두 사람을 잇는 경로의 길이는 로그 함수의 꼴로 아주 천천히 늘어난다.[3] 이것이 바로 '좁은 세상 효과small-world effect'라고 부르는 현상이다. 우리 사는 세상이 지리적으로 좁다는 말이 아니다. 이렇게 큰 세계라도 사람들의 연결만을 보면 세상이 참 좁아 보인다는 뜻이다. 80억 명이 일곱 단계면 만난다.

사실 방금 설명한 내용에는 재밌는 오류가 하나 있다. 내가 한 단계에 연결할 수 있는 내 친구 100명과 내 친구가 아는 100명은 상당히 많이 겹친다. 우리가 사는 세상은, 내 친구 둘이 서로 또 친구인 '끼리끼리 효과'라는 성질을 갖기 때문이다. 이를 '군집 효과clustering effect'라고 부른다.

경로 길이 계산을 다시 되짚어 보자. 모든 사람에게 100명의 친구가 있다고 하더라도, 군집 효과 때문에 경로가 늘어날 때 연결할 수 있는 사람의 수는 100 곱하기 100 곱하기 100의 꼴로 늘지 못한다. 하지만 내 친구 100명의 친구가 모두 겹치지는 않으니, 적어도 10 곱하기 10 곱하기 10의 꼴로는 늘어날 것이다. 100이냐 10이냐보다 더 중요한 점은 바로 '곱하기'의 꼴로 늘어난다는 사실이다. 곱해지는 숫자가 1보다 크면(신문지 접기는 한 번 접을 때마다 두께가 두 배가 되니, 접을 때마다 전체 두께에 곱해지는 숫자는 2다), 엄청나게 빠른 속도로 늘어나는 것은 마찬가지이기 때문이다. 우리 사는 세상은 끼리끼리지만, 그래도 세상은 좁다.

밀그램은 소포 전달 실험을 1967년에 했다. 지금 우리가 사는 세상에서 이런 실험을 하려면 소포 같은 물리적인 실체도 필요 없다. 요즘은 거의 쓰지 않지만 한동안 마이크로소프트사의 메신저 프로그램으로 컴퓨터 채팅을 하는 사람들이 정말 많았다. 2억 명이 넘는 이 메신저 프로그램 이용자들의 연결망을 분석해보니 평균 연결 단계 수가 6에 가깝다는 결과가 있다. 우리나라에서도 연세대 사회학과의 김용학 교수와 한 일간지가 이메일로 비슷한 실험을 한 적이 있는데, 결과는 4.6단계였다. 나도 한 대학의 익명의 수강 신청 자료를 이용해 수업을 함께 듣는 학생이 서로 안다는 가정하에 분석을 해본 적이 있다. 학생 전체 중 임의로 택한 두 명을 잇는 평균 단계 수가 1.6 정도로 아주 작다는 결과를 얻었다. 좁은 세상 효과는 우리 주변 어디에나 있다.

좁은 세상 연결망

이전에도 그래프 이론이 간혹 물리학자의 관심을 끌기는 했지만, 폭발적인 관심의 계기가 된 논문이 20세기가 저물 무렵 출판되기 시작했다. 복잡한 연결망 연구 분야에 몸담은 사람이라면 누구나 1998년 던컨 와츠Ducan Watts와 스티븐 스트로가츠Steven Strogatz의 논문을 첫 테이프를 끊은 가장 중요한 논문으로 꼽을 것이다.

이 논문의 두 저자는 실제의 여러 연결망이 가진 특징을 구현할 수 있는 아주 단순한 모형을 제시했는데, 현재 이 연결망 모형은 두 저자의 이름 앞 글자를 따서 보통 'WS 연결망 모형'이라 부른다.

WS 모형은 바로 인접한 점들과만 연결선이 있는 즉, 국소적인 연결선만 있는 원 모양을 따라 늘어선 점들로 시작한다(〈그림 3〉의 왼쪽 그림). 그다음에는 국소적인 연결선을 하나씩 방문하면서 p의 확률로 이 연결선의 끝점을 마구잡이로 택한 연결망의 다른 점으로 옮겨 연결한다(〈그림 3〉의 가운데와 오른쪽 그림). 연결선을 끊었다가 다시 붙인다는 뜻에서 이 확률 p를 '재연결 확률 rewiring probability'이라 부른다. 그리고 재연결된 연결선은 국소적이지 않으며 멀리 떨어진 점을 연결할 수 있는데, 이렇게 끊었다 멀리 붙인 연결선을 '지름길shortcut'이라 부른다. 만약 재연결 확률 p가 0이면 아무런 지름길이 없어서 처음 시작한, 국소적이고 규칙적인 연결만 있는 1차원의 원과 같은 구조를 띠며, p의 값이 늘어날수록 더 많은 마구잡이 지름길을 갖는 복잡한 구조로 변한다. p의 값이 1이 되면 처음에 존재했던 모든 연결선의 한쪽 끝이 마구잡이로 택해진 다른 점으로 재연결되어 연결선이 모두 다 지름길인, '마구잡이 연결망random network' 구조가 된다.

WS 연결망 모형은 무엇을 설명할 수 있을까? 살다 보면 우리는 많은 사람을 만난다. 어쩌다 식사 자리에 합석한 처음 본 사람과 얘기를 나누다 그분과 나를 연결하는 사회 관계를 깨달아 깜짝 놀란 경험을 한 독자가 많을 것이다. 오늘 처음 만난 그분이 내 고등학교 친구와 같은 직장에 다니는 사람이었다든가 하는. 이런 일을 겪으면 우린 무릎을 치면서 "와, 정말 신기하네요, 세상 참 좁네요"라고 말하고는 한다. 드물지만 간혹 이런 일이 생기는 이유는 밀그램의 좁은 세상 효과 때문이다. 많은 사람이 함께 살아가는 우리 사회에서 생면부지의 두 사람은 놀라울 정도로 짧은 경로로 연결될 수 있다.

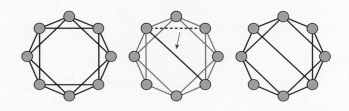

그림 3 WS 연결망 모형. 국소적인 연결선만 있는 왼쪽의 연결망에서 시작해 연결선을 하나씩 택해 p의 확률로 마구잡이로 택해진 다른 점으로 재연결한다.

WS 모형에서도 정확히 이런 일이 벌어진다. 자, 만약 재연결 확률 p가 0이면 어떨까. 1차원의 원을 따라 늘어선 사람 중 원의 반대쪽에 있는 사람과 연결되려면, 시작점에서 출발해 바로 이웃으로 국소적으로 연결된 연결선을 따라 여러 단계를 차례로 거쳐야 한다. 즉, $p=0$이면 두 사람을 잇는 경로의 길이가 전체 사람의 수 N에 비례할 수밖에 없다. 이 연결망은 좁은 세상이 아니다.

만약 p가 0이 아닌 값이라서 지름길이 있다면 어떨까. 이 경우에는 원의 반대쪽에 있는 사람과 연결되기 위해 필요한 경로의 길이가 놀라울 정도로 짧을 수 있다는 사실을 쉽게 이해할 수 있다. 시작점에서 옆으로 몇 칸 옮겨가다가 저 멀리 반대편으로 연결된 지름길이 있다면 그 지름길을 이용해 한 번에 훌쩍 건너갈 수 있기 때문이다.

WS의 논문에서는 이를 정량적으로 계산한 결과도 보여주는데 그 결과가 상당히 놀랍다. 지름길의 밀도 혹은 재연결 확률 p가 0이 아니기만 하면, WS 연결망이 좁은 세상 효과를 보여준다는 것이다. 즉, $p=0$일 때와 $p\neq0$이 아주 다른 성질을 보여서 p가 0이 아니기만 하면 연결망의 평균 경로의 길이가 아주 짧아지는 현상이 일어난다. 물을 용기에 담아 열을 가하면 온도가 100도일 때 물이 끓어 액체가 기체로 변하는 상전이가 일어난다. 마찬가지로 WS 연결망의 이른바 '좁은 세상 상전이small-world transition'는 $p=0$에서 일어난다. 아주 극소수의 지름길만 있어도 좁은 세상이 된다는 흥미로운 결과다.

WS 연결망이 보여준 다른 재밌는 결과도 있다. 바로 우리가 사는 세상에 존재하는 끼리끼리의 군집 효과도 성공적으로 설명한다는 것이다. 〈그림 3〉의 예를 보자. $p=0$에 해당하는 왼쪽 그림을 보면 한 점에 직접 연결된 두 이웃은 또한 끼리끼리 연결되어 있다는 사실을 쉽게 알 수 있다. 즉, $p=0$인 WS 연결망은 군집 효과를 보여준다. 지름길이 점점 많아지면 끼리끼리의 군집 효과는 줄어든다. 그래서 $p=1$이 되면 마구잡이 연결망이 되어서 군집 효과가 사라진다. 하지만 p가 0 근처라면, 지름길이 소수 존재해도 군집 효과는 크게 줄어들지 않을 것을 예측할 수 있다. 실제로 군집 효과를 정량적으로 측정해 보면, 재연결 확률 p가 0에서 시작해서 상당히 커지기 전까지 WS 연결망의 군집 효과는 여전히 강하게 유지된다는 사실을 알 수 있다. 자, 이제 왜 WS 연결망이 큰 주목을 받았는지 이해할 수 있다. p가 0에서 많이 벗어나지 않을 정도로 작아 지름길의 밀도가 크지 않은 경우, 실제 사회 연결망에서 널리 관찰되는 좁은 세상 효과와 군집 효과를 놀라울 정도로 쉽고 간단한 모형으로 함께 설명할 수 있기 때문이다.

왜 어떤 점은 이웃 수가 더 많은가

복잡한 연결망이 물리학계의 관심을 끈 계기가 WS 연결망이었다면, 관심을 폭발적으로 키운 것은 알베르트−라스즐로 바라

바시Albert-László Barabási와 레카 알베르트Réka Albert의 논문이었다. 두 저자의 이름을 따 이 논문에 등장한 모형을 'BA 연결망'이라 부른다. WS 모형으로 실제 사회 연결망의 몇몇 특징을 성공적으로 구현한 것은 맞지만, 미처 재현하지 못한 것도 있다. 바로 '이웃 수 분포degree distribution'다.

〈그림 3〉의 왼쪽 그림을 다시 보면, 연결망의 한 점은 모두 네 개의 연결선을 갖는다. 점 하나가 가진 연결선의 수를 그 점의 '이웃 수' 혹은 '도수degree'라 한다. WS 연결망의 이웃 수 분포 패턴은 실제의 여러 연결망과는 다르다는 것이 곧 알려졌다. WS 연결망을 만드는 〈그림 3〉을 보면, 이웃 수는 지름길이 생긴다고 해서 많이 변하지 않는다. 즉, p의 값에 관계 없이 WS 연결망에서는 점들의 이웃 수가 모두 고만고만하다.

하지만 실제의 많은 연결망에서는 적은 수의 점이 엄청난 연결선을 가지는 반면, 대부분의 점은 연결선이 그리 많지 않은 모습을 보여준다. 여러 노드가 어떤 방식으로 이웃 수를 가지는지는 5장에서 자세히 설명할 확률 분포를 이용해 좀 더 정확히 이해할 수 있다. WS 연결망의 이웃 수를 가지고 확률 분포를 그리면 어떤 꼴이 될까? 대부분의 노드가 비슷한 이웃 수를 가지므로 사람들의 키의 확률 분포처럼 아주 폭이 좁은 모습이 된다. 하지만 실제의 여러 연결망의 이웃 수로 확률 분포를 그려 보면, 마치 사람들의 소득처럼 옆으로 넓게 펼쳐진 모습이 된다. 소득이 보통 사람보다 천 배 만 배인 사람이 있는 것처럼 연결망의 어떤 점은 이웃 수가 평균 이웃 수의 천 배 만 배인 점도 존재한다는 뜻이다. 복잡계 과학의 연구자들은 이럴 때 확률 분포의 꼬리 부분이 어떻게 줄어드는지를 가지고 연결망을 분류하는 것을 좋아한다. WS 연결망의 이웃 수 분포의 꼬리는 지수 함수의 꼴로 급하게 줄어드는 데 비해, 실제 많은 연결망의 이웃 수 분포의 꼬리는 멱함수[4]의 꼴로 천천히 줄어든다[5]. BA 연결망 모형은 바로 이 문제를 해결했다. 그것도 아주 간단한 방법으로 말이다.

BA 모형을 구성하는 중요한 두 요소가 있다. 첫째, 시간이 지나면서 새로운 점이 계속 연결망에 추가되고 둘째, 이 새로운 점이 기존의 점들과 맺는 새로운 연결은 빈익빈 부익부의 형태로 만들어진다. 즉, 이미 연결선이 많은 점에 새로운 연결선이 붙을 확률이 더 크다. 위의 두 요소를 결합해 구현한 BA 연결망의 구조가 실제 인터넷의 구조, 그리고 생명체 내 대사 물질 연결망의 구조 등 여러 연결망과 흡사하다는 점이 알려져 큰 관심을 끌었다.

하지만 BA 모형은 멱함수 꼴의 이웃 수 분포와 좁은 세상 효과는 잘 구현하지만, 군집 효과는 크지 않다는 문제점이 있다. 이를 해결한 모형도 여럿 있다. 빈익빈 부익부의 형태로 새로운 연결선이 만들어질 때, 연결선이 많은 이웃에게도 연결선이 생기도록 한 홀메-김Holme-Kim 모형이 한 예다(이 논문의 저자 김이 바로 나다). 우리가 새로운 친구를 사귈 때 그 사람의 친구도 함께 사귀게 되는 것을 생각하면 된다. HK 모형이라 줄여 부르지 않는 것을 보면 모형이 그리 유명하지는 않은 것 같다.

　　　　　＊　＊　＊

　말 그대로 '복잡'하기 그지없는 현실의 복잡계는 모든 세세한 특성을 담는 방법으로는 이해하는 것이 전혀 불가능한 시스템이다. 복잡계의 이해를 위한 첫 번째의 어림 방법으로서 구성 요소들의 생생한 구체성은 사상捨象하고 구성 요소 사이의 연결 구조에 먼저 집중하자는 태도가 바로 '연결망으로 보기' 연구 방법의 의미다. 즉, 복잡계의 살은 발라내고 속에 들어 있는 뼈대에 먼저 집중하자는 시도다. 화석만으로 공룡의 생생한 모습을 떠올리기 어려운 것처럼, 그리고 엑스선 사진에 찍힌 모습만으로 모든 질병을 진단할 수 없는 것처럼 뼈대만 추려 쳐다봐서는 복잡계 전체를 온전히 이해할 수 없는 것은 당연하다. 하지만 연결망으로 보기는 현실 복잡계를 이해하기 위한 첫 시도로서는 충분한 가치가 있다고 할 수 있다. 다음 장에서는 지금까지 살펴본 연결망의 뼈대에 여기저기 살점을 더 붙여 복잡계를 더 풍부하게 이해할 수 있는 도구를 소개하겠다.

과학
상자

2

유독 선이 많은 마당발 찾는 법

카사노바에게 백신 전달하기

〈그림 1〉에 등장하는 연결망은 사회 연결망이다. 즉, 연결망의 노드들은 현실의 사람 하나하나고, 두 노드를 연결하는 녹색 선은 두 사람 사이의 관계를 의미한다. 이런 연결망 그림을 볼 때는 지면 위 노드의 위치는 중요하지 않다는 점을 기억하자. 그림의 녹색 선 하나하나를 얼마든지 늘어날 수 있는 고무줄이라고 생각해서 노드의 위치를 이리저리 옮겨 그려도 연결 관계는 하나도 바뀌지 않는다. 고무줄을 조금 늘여 한 사람의 지면 위 위치를 약간 왼쪽으로 옮긴들 두 사람이 연결되어 있다는 사실이 변할 리가 없다.

그림에서 두 녹색 선이 한 노드에서 만나는 X자의 모습도 여럿 보인다. 그런데 이 교점에 하얀색 동그라미로 표현된 노드가

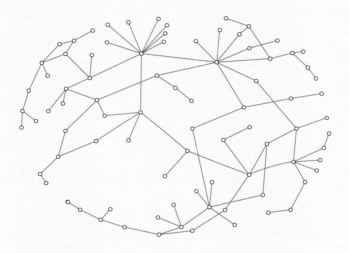

그림 1 이 연결망에서 흰 동그라미는 사람이고 사람들을 연결하는 녹색 선
은 사람들 사이의 어떤 관계를 의미한다. 과연 어떤 관계일까?

없다면 고무줄을 늘여 노드를 다른 위치에 옮겨 그리거나, 고무줄을 살짝 늘여 노드를 지면과 독자의 눈 사이의 공간으로 앞으로 옮겨 삼차원으로 그리면 두 녹색 선이 만나지 않는 모양으로 얼마든지 바꿔 그릴 수 있다. 즉, 두 녹색 선이 만나는 교점에 하얀색 노드가 없다면, 두 연결선이 그 교점에서 만난다고 생각할 이유가 없다.

독자들에게 문제를 하나 내겠다. 〈그림 1〉의 연결망을 가만히 찬찬히 쳐다보면 이 연결망이 도대체 사람들 사이의 어떤 관계를 가지고 그린 것인지를 알 수 있다. 다른 아무런 정보도 필요 없다. 〈그림 1〉만 자세히 쳐다보면, 무릎을 치면서, "아, 이 연결망이 바로 '무엇'의 연결망이구나"하고 깨달을 수 있다. 도대체 이 연결망에서 녹색 선의 의미는 무엇일까?

연결망을 보기만 해도 알 수 있는 것

무슨 연결망인지 전혀 감이 오지 않는다고 해도 아직 실망할 필요는 없다. 사실, 강연을 하다가 이 문제를 다양한 청중에게 여러 번 냈지만 다음에 소개할 설명을 듣기 전에 이쯤에서 답을 얘기한 사람은 거의 없었다. 자, 답을 알아내기 위한 첫 번째 단계. 〈그림 1〉의 연결망을 보면 흰 동그라미로 표현된 사람들이 녹색 선을 통해 닫힌 꼴의 다각형을 이루는 모임들이 있다. 예를 들어 왼쪽 윗부분에 마름모 비슷한 꼴의 '사각형'[1]이 하나 보인다. 이처럼 닫힌 다각형이 제법 여럿 있다. 독자도 그림에서 사각형, 육각형, 팔각형 등을 한번 찾아보시라. 잘 찾아보면 커다란 십이각형도 있다. 눈치가 빠른 분은 이쯤에서 〈그림 1〉의 연결망에서 이상한 점을 깨달을 수 있다. 어, 짝수각형은 여럿 보이는데, 홀수각형은 하나도 없네. 빙고!

홀수각형과 짝수각형은 큰 차이가 있다. 각각의 예로 삼각형과 사각형을 생각해보자. 먼저 사각형을 하나 그리고 〈그림 2〉처럼 사각형의 왼쪽 위 꼭짓점에 빨간색을 칠하자. 방금 칠한 빨간색 노드와 직접 연결된 왼쪽 아래의 꼭짓점에는 이제 파란색을 칠하자. 그리고 방금 파란색을 칠한 왼쪽 아래 꼭짓점과 녹색 선으로 연결된 오른쪽 아래 꼭짓점에는 빨간색을 칠하자. 색을 칠하는 방법을 이해하셨는지. 바로 녹색 선으로 직접 연결된 두 점은 다른 색으로 칠하면 된다. 이제 마지막 남은 오른쪽 위의 꼭짓점에는 파란색을 칠하면 된다. 이렇게 완성된 〈그림 2〉의 사각형을 보자. 방금 설명한 규칙을 따라서 사각형의 네 꼭짓점에 색을 입힐수 있다는 것을 볼 수 있다. 완성된 그림을 보면 빨간색은 파란색과, 파란색은 빨간색과 서로 녹색 선으로 연결된 모양을 볼 수 있다. 그렇다면 삼각형은 어떨까?

〈그림 2〉의 삼각형을 보자. 삼각형의 위 꼭짓점에 빨간색을 칠하고, 왼쪽 아래 꼭짓점에 파란색을 입힌 다음 오른쪽 아래 꼭짓점에는 과연 어떤 색을 칠해야 할까? 이곳에 빨간색을 칠하면

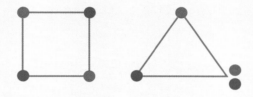

그림 2 빨간색과 파란색을 서로 이웃하게 색칠하는 것은 사각형에서는 가능하지만 삼각형에서는 불가능하다.

삼각형의 위 꼭짓점의 빨간색이 같은 색이라 싫어하고, 그렇다고 파란색을 칠하면 이제 삼각형의 왼쪽 아래의 파란색 꼭짓점이 싫어한다. 즉, 삼각형은 각각의 연결선이 빨강과 파랑으로 다른 색 노드 사이에 놓여야 한다는 약속에 따라 꼭짓점에 색을 칠하는 것이 불가능한 모양이다. 삼각형뿐 아니다. 오각형, 칠각형 등 모든 홀수각형은 연결선의 양 끝에 있는 두 노드에 빨강과 파랑이 각각 있어야 한다는 규칙을 따를 수 없다는 사실을 알 수 있다. 한편 사각형, 육각형, 팔각형 등 짝수각형의 닫힌 모양에는 연결선을 따라 빨강과 파랑이 하나 건너 반복되도록 색을 칠할 수 있다.

〈그림 3〉은 〈그림 1〉 연결망의 하얀색 노드마다 위에서 설명한 규칙에 따라 빨강과 파랑을 번갈아 가며 색을 입힌 모습이다. 자, 이렇게 그려놓고 보면 지금 독자가 보는 연결망의 중요한 특징이 보인다. 이 연결망의 모든 노드는 빨강과 파랑의 두 그룹으로 나눌 수 있다는 것, 그리고 노드 사이의 연결선은 서로 다른 색깔 사이에만 존재한다는 것이다.

그렇다면 이 연결망은 과연 '무엇'의 연결망일까? 사람들을 두 집단으로 나눌 수 있고, 각 집단의 사람은 같은 집단의 다른 구성원과는 연결이 없고, 다른 집단의 사람과만 연결선이 있다. 이쯤에서 대부분의 독자가 답을 짐작할 수 있다. 맞다. 바로 〈그림 3〉은 남녀 관계의 연결망이다. 남성을 파란색, 여성을 빨간색으로 생각해서 〈그림 3〉을 다시 보라.

지금까지 독자와 함께 논의한 것을 돌이켜보자. 사실 독자가

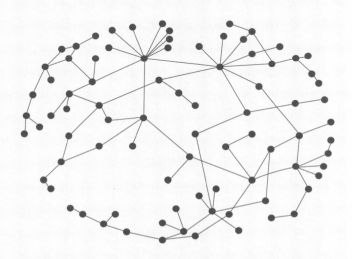

그림 3 연결선 양 끝에는 다른 색을 입힌다는 규칙에 따라 〈그림 1〉에 있는 연결망의 모든 연결선 하나하나마다 빨간색과 파란색을 칠한 모습.

처음 한 일은 〈그림 1〉을 유심히 보다가 홀수각형이 없다는 사실을 깨달은 것뿐이다. 홀수각형이 없다는 사실에서 이 연결망에 존재하는 모든 사람이 두 그룹으로 나뉘고, 사람들은 반대쪽 그룹의 구성원하고만 연결된다는 것을 알 수 있었다. 이로부터 자연스럽게 〈그림 1〉이 남녀 관계의 연결망일 것이라고 예측할 수 있게 됐다.

점이 다른 점들과 어떻게 연결되어 있는지만 살폈는데, 〈그림 1〉의 연결망의 의미를 알게 된 것이 무척 흥미롭다. 색을 입힌 〈그림 3〉의 연결망을 다시 보자. 연결망의 아무 노드나 하나를 택해 빨간색을 입히는 순간 다른 모든 노드의 색깔이 결정된다. 즉, 이 연결망 안에 있는 노드 모두에 대해서 누가 남성인지, 누가 여성인지를 딱 하나의 노드의 성이 결정되는 순간 알 수 있다.

〈그림 4〉에 이 남녀 관계 연결망 구성원의 이름을 공개했다. 이 연결망은 페터 홀메Petter Holme 교수가 만들어서 내게 보여준 유명 할리우드 영화 배우의 남녀 관계 연결망이다. 연결망을 만든 지가 좀 오래되어서 요즘 다시 그린다면 상당히 다른 모습이 될 것 같다.

독자도 찾아보았듯이 〈그림 1〉의 연결망에는 삼각형은 없지만 사각형은 여럿 보인다. 남녀 관계의 사각형이 있다고 해서, 네 명의 남녀가 얽히고설킨 관계를 동시에 하고 있는 것은 아닐 수 있다. 상당한 기간에 걸쳐 언론 기사를 모아 이 연결망을 만들었기에 오래전 사귀다 헤어진 남녀 관계의 연결선이, 현재 사귀고 있는 남녀 관계의 연결선과 함께 연결망 그림에 나타날 수 있다. 사실

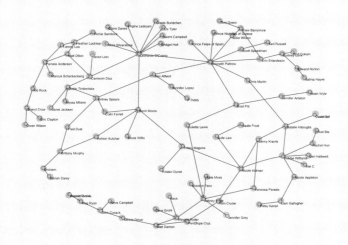

그림 4 할리우드 유명 배우들 사이의 남녀 관계 연결망. 니콜 키드먼, 브래드 피트, 레오나르도 디카프리오 등 유명 배우의 이름을 찾을 수 있다.

각각 결혼해 살던 두 부부가 이혼 후 재혼할 때, 배우자를 다른 쪽 부부에서 각각 선택하면 사각형이 만들어진다. 아마 눈살을 찌푸리는 독자가 있을지도 모른다. 텔레비전 아침 드라마라면 모를까, 현실의 세상에서 이런 사각형은 상당히 이상해 보이는 관계다. 법으로 금지한 것은 아니지만 일종의 사회적인 금기다. 그런데 할리우드에서는 사각형을 만든다. 그것도 여럿.

〈그림 5〉는 미국의 한 고등학교에서 학생들의 연애 관계를 조사해 만든 연결망이다. 친절하게도 〈그림 3〉처럼 노드마다 남녀를 색으로 이미 표시해 놓았다. 삼각형이 한두 개 보인다는 것도 흥미롭지만 나는 사각형이 하나도 없다는 점이 더 재밌다. 할리우드의 남녀 관계에서는 여럿 보였던 사각형이 미국 고등학생의 남녀 관계에는 보이지 않는다. 평범한 사람인 미국 고등학생은 '남녀 관계에서 사각형 만들지 않기'라는, 법으로 금지한 것은 아니어도 사람들이 자연스럽게 따르게 되는 사회적인 규범을 지키고 있다. 사각형 만들지 않기의 사회적 규범을 "예전 파트너의 현재 파트너의 예전 파트너와 데이트하지 마라Don't date your old partner's current partner's old partner"로 설명한다. 예전에 사귀다 헤어진 사람이 지금 사귀고 있는 사람의 예전 상대와는 사귀지 말라는 뜻이다.

지금까지 독자와 나는 단순히 점들이 다른 점들과 어떻게 연결되어 있는지, 그 연결의 구조만을 살펴봤다. 점들만 봤는데도 짜잔, 할리우드 배우의 남녀 관계가 일반인들과는 다르다는 흥미로운 결론을 얻었다. 단, 여기까지다. 어떻게 다른지는 알았지만

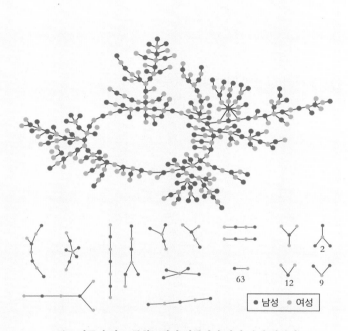

그림 5 미국의 한 고등학교에서 이루어진 남녀 관계 연결망.

왜 다른지는 연결망의 구조만으로는 알기 어렵다. '연결망으로 보기'라는 연구 방법은 정말 단순하지만 상당히 쓸모가 있어 복잡계를 큰 틀에서 이해하는 데 일부 기여할 수 있다. 하지만, 연결망 구조만으로 복잡계의 모든 것을 이해할 수 있는 것은 아니라는 것을 꼭 기억하시길.

카사노바와 성관계 연결망의 허브

남녀 관계에 대한 이야기를 계속해보자. 수천 명을 대상으로 한 설문조사를 통해 스웨덴의 성관계 연결망의 구조를 분석한 연구가 있다. 상대가 누구였는지 이름을 모두 이야기해달라고 하면 위에서 소개한 할리우드나 미국 고등학생의 남녀 관계와 같은 방식으로 연결망을 그릴 수는 있겠지만, 아마도 대부분의 사람은 설문에 응하지 않았으리라.

그 연구의 설문조사에서는 지금까지 모두 몇 명의 상대와 성관계를 맺었는지만을 물었다. 연결망을 그릴 수는 없었지만 분석 결과는 상당히 흥미롭다. 스웨덴의 성관계 연결망의 구조가 1장에서 본 BA 연결망과 흡사하다는 결론이다. 즉, 성관계 상대방의 숫자가 아주 많은 극소수의 사람이 있고, 대부분의 사람은 상대의 숫자가 몇 명 정도로 아주 적었다는 뜻이다. 스웨덴의 성관계 연결망도 멱함수 꼴의 이웃 수 분포를 보여준다. BA 연결망 모형처럼 상당히 많은 연결선을 가진 노드가 존재한다는 뜻이다. 한 남성은 성관계를 맺은 상대의 숫자가 1000명 정도였고, 상대가 100명 정도인 여성도 있었다. 이들은 스웨덴 성관계 연결망에 존재하는 카사노바다.

이런 연구는 사람들의 성관계에 대한 것이어서 흥미로우면서도 상당히 중요한 지점으로 나아갈 수 있다. 자, 다음은 일종의 가상 시나리오다. 스웨덴에서 사람들의 성적 접촉을 통해 급격히 전염되는 위험한 질병이 발생했다고 가정하자. 노벨 생리의학상 수상자를 선정할 정도로 권위 있는 스톡홀름의 카롤린스카 연구소에서 이 질병의 전파를 막을 수 있는 백신을 개발했다고 또 상상하자. 이 백신을 어떻게 배포해야 병의 전파를 효율적으로 막을 수 있을까?

먼저 쉽게 떠올릴 수 있는 방법이 있다. 보건 당국 공무원이 스톡홀름의 중앙역에 가서 그 앞을 지나다니는 사람들에게 백신을 하나씩 나눠주는 것이다. 조금만 생각해보면, 이런 방법으로는 절대로 질병의 전파를 막을 수 없다는 사실을 알 수 있다. 바로 스웨덴의 성관계 연결망의 구조 때문이다. 마구잡이로 아무에게나 백신을 나눠주면 백신을 받아가는 대부분의 스웨덴 사람은 성관계 상대방의 숫자가 몇 명 안 되는 사람들이다. 그리고 어차피 이분들은 성관계를 통해 질병을 다른 사람에게 옮길 위험이 거의 없는 사람들이다. 스웨덴 전체 인구의 10%에게 백신을 마구잡이로 배포한들, 전체 인구에서 극소수밖에 없는 카사노바가 스톡홀름 중앙역에 우연히 등장해 백신을 받아가기를 기대할 수는 없는 일이다. 백신은 1000명의 성관계 상대방이 있는 바로 이 카사노바와 같은 연결망의 허브들에게 우선적으로 공급해야 한다.

무작위로 백신을 배포하면 실패할 수밖에 없다는 것을 알게 된 보건 당국은 이제 신문과 방송에 광고를 한다. "성관계 상대방의 숫자가 100명 이상인 분들은 내일 아침 스톡홀름 중앙역 앞에 나오세요." 방송을 해도 내일 아침에 카사노바가 나올 리 없다. 그렇다고 어쩔 수 없이 아무에게나 백신을 무작위로 배포하면 카사노바가 그 백신을 받아갈 확률은 아주 낮다. 그럼 도대체 어떻게 백신을 카사노바에게 전달할 수 있을까?

언뜻 생각하면 상당히 어려울 것 같은 '카사노바에게 백신 전달하기'의 방법을 제안한 연구가 있다. 방법도 아주 단순하다. 먼저 스톡홀름 중앙역 앞을 지나가는 사람들에게 마구잡이로 백신을 주는 거다. 물론 백신을 받아가는 사람 중에 카사노바는 없다. 그 대신에 아무에게나 백신을 나눠주면서 백신 받는 사람에게 부탁을 한다. "직접 백신을 사용하지 마시고, 상대방에게 드리세요." 이렇게 하면 카사노바에게 오래지 않아 백신이 전달된다. 왜 그럴까? 카사노바는 성관계 상대방의 숫자가 1000명이다. 카사노바는 백신을 받아가지 않지만 이 사람의 성관계 파트너 1000명 중 한 명이 백신을 받아가면 오래지 않아 카사노바에게 백신이 전달된다. 아무에게나 나눠주면서 상대방께 드리라는 부탁만 하면 된다는 이야기다. 어쩌면 카사노바는 며칠 뒤 수십 개의 백신을

전달받을지도 모른다. 정말 간단하지만 효율적인 배포 방법임을
금방 깨달을 수 있다. 바로 이런 이유로 질병의 전염이나 백신의
배포에서 연결망의 구조를 제대로 이해하는 것이 점점 중요해지
고 있다. 굳이 성관계 연결망일 필요는 없다. 사람들이 맺는 사회
연결망에도 허브 혹은 마당발이 존재한다. 마당발이 누군지 알면
이를 통해 소식을 효율적으로 전달할 수 있고, 마당발을 설득해서
새로운 유행을 시작할 수도 있다.

한국과학기술원의 정하웅 교수가 소개한 마케팅 방법이 있다.
기업에서는 새로운 신제품을 만들면 판촉 행사를 하면서 길거리
에서 사람들에게 상품을 무료로 나눠주고는 한다. 정 교수는 상
품을 한 개가 아니라 두 개씩 나눠주라고 제안했다. 그러고는 상

품을 받아간 사람에게 "하나는 선생님이 직접 쓰시고, 다른 하나는 친구에게 드리세요"라고 부탁을 하라는 것이다. 친구가 많은 마당발이 직접 그 신제품을 무료로 받아가지 않을 수 있어도 마당발은 친구가 워낙 많으니 친구 중 한 명이 그 신제품을 받아갈 가능성은 크다. 친구에게 안주고 상품 두 개를 혼자서 써버리는 사람이 있어도 이 방법은 작동한다. 왜? 마당발은 친구가 워낙 많기 때문이다. 마당발의 그 많은 친구 중 일부라도 하나는 자신이, 다른 하나는 친구에 전달하면 어쨌든 신제품을 마당발에게 소개할 수 있다.

카사노바에게 백신을 전달하는 방법이나, 사회 연결망의 마당발에게 신제품을 알리는 방법이나, 둘 모두 먹힘수 꼴의 이웃 수 분포를 가지는 연결망의 구조를 이용한 것이다. 앞으로도 이처럼 사회 연결망의 구조를 다양한 방면에서 이용하려는 시도는 점점 확대될 것이다.

누가 마당발인가?

캐나다의 작가 말콤 글래드웰Malcolm Gladwell이 자신의 책《티핑 포인트The Tipping Point》에서 제안한 '커넥터connector'가 바로 사회 연결망에서의 마당발 같은 사람이다. 마당발을 통하면 많은 사람과 연결될 수 있다. 여러분 주변에도 마당발이 있다. 과연 누가 마당발일까? 스스로 마당발이라고 생각하는 사람은 손을 들어보라고 한들, 손을 번쩍 든 사람이 정말 객관적인 의미에서 진정한 마당발인지를 우리가 확신할 수는 없다.

말콤 글래드웰은 누가 마당발인지 알아낼 수 있는 흥미로운 방법을 제안한다. 전화번호부에서 아무나 골라서 250개의 미국인 성씨를 모은 다음에 이를 보여주면서 아는 사람의 성씨가 모두 몇 개 있는지를 세어보게 했다. 이름 없이 성만 보여준다는 점이 중요하다. 예를 들어 알베르트 아인슈타인이든 아니면 동생 마리아 아인슈타인이든, 둘 중 한 사람을 지인으로 알고 있다면 아인슈타인을 아는 성씨로 세면 된다. 결론은 아는 성씨가 많은 사람이라면 당연히 사회 연결망의 마당발일 가능성이 크다는 것이다. 아는 사람의 성씨가 보이면 동그라미를 치라고 하고 동그라미가 몇 개 있는지만 세도 누가 마당발인지 찾을 수 있다.

말콤 글래드웰의 책을 읽고서 나도 비슷한 실험을 해본 적이 있다. 말콤 글래드웰의 방법을 그대로 따라 해서는 곤란하다. 우리나라 성씨의 확률 분포는 서구와는 확연히 다르기 때문이다. 우리나라에는 성씨가 많지 않고 대부분의 사람은 김, 이, 박 씨다(5장의 내용을 참고할 것). 그렇기에 우리나라에서 마당발 조사를 할 때는 성씨 대신 이름을 이용해야 한다.

나는 우리나라에서 많이 쓰이는 여자 이름과 남자 이름을 각각 100개씩 종이에 출력해서 한 장씩 내 수업을 듣는 학생들에게 나눠주고, 얼마나 많은 이름을 알고 있는지 조사했다. 이와 더불

성별: 남( ) , 여( ), 표기를 원하지 않음( )

	여자 이름				남자 이름		
희정	세미	보라	숭경	하준	재경	광희	민화
가람	은지	혜미	유림	유진	영민	태수	진민
민주	순정	소담	세은	경태	일환	성철	시우
다슬	승연	선영	선희	제현	지용	정오	광수
혜진	혜란	유나	효선	두태	승주	한균	용욱
이슬	세지	초름	지희	지수	태원	용진	재현
지원	명진	경자	춘순	영덕	윤재	현복	광석
은성	민선	호진	선아	종선	명환	찬겸	태화
화라	영미	현진	미연	영환	민석	영훈	종환
서영	숙현	미희	자희	현주	한빛	경민	주성
채난	미진	우정	지문	태호	정웅	남주	승의
자영	정애	가은	애진	한석	기현	지웅	명진
계심	경희	주희	유리	동진	서호	좌겸	영동
명희	진숙	영화	혜지	용안	상걸	일우	재일
혜원	혜준	수지	경진	영웅	현수	영복	수만
지선	윤정	진희	다인	지우	영기	영규	우상
인숙	지영	시현	유진	도재	은섭	명현	지훈
혜라	은진	지현	나연	기상	슬기	문종	명석
하람	수영	현정	선경	성우	승재	승일	옥겸
성희	영선	소연	지혜	기환	노준	준섭	인범
민경	영주	선민	선애	혁태	충원	하현	원석
수하	나라	미선	수빈	형태	현창	재구	상훈
은영	연주	아리	혜연	창준	원준	광윤	운태
승현	진은	예은	도현	효원	지만	철승	성인
은숙	현아	선주	은주	종원	이반	용균	영현

그림 6 대학생을 대상으로 '마당발 찾기' 실험에 이용했던 설문조사 자료. 목록의 이름 중 알고 있는 사람의 이름이 있으면 동그라미를 치고 모두 몇 개의 동그라미가 있는지 세어보면 누가 마당발인지 알 수 있다.

어 각 학생의 휴대폰 전화번호부 목록의 길이도 적어내게 했다. 〈그림 6〉에 실제 수업에서 이용한 목록을 첨부했으니 이 글을 읽는 독자도 한번 친구들과 함께 실험해보시길.

* * *

아는 사람의 이름이라고 더 많은 동그라미를 표시한 사람이 마당발일 가능성이 큰데, 강의 수강생을 대상으로 진행한 실제 조사 결과는 흥미로웠다. 남학생 중에 100개의 여자 이름 중 95개에 동그라미를 친 학생이 있었다. 이 학생은 아는 남학생 이름도 47개로 다른 학생들보다 많았다. 여학생 마당발도 거의 비슷해서 아는 여자 이름이 89개, 남자 이름은 48개를 안다고 답했다. 휴대폰 전화번호부에 745명이 수록된 마당발 학생도 있었다. 한편, 아는 이름이 10개 미만인 학생도 눈에 띄었다. 어쩌면 이런 학생들은 사회 관계에 어려움이 있어 도움이 필요한 학생일 수도 있겠다. 하지만 아는 이름의 숫자가 적은 사람에 대한 해석은 조심할 필요가 있다. 사회 관계가 다른 사람보다 좁다는 뜻일 수도 있지만 사람 이름을 잘 기억하지 못한다는 뜻일 수도 있다. 내가 그렇다. 어찌 됐든 젊은 대학생 사이의 사회 연결망에도 마당발이 있다. 이 실험은 자신이 마당발이라고 생각하면 손들어 보라는 방법과 비교하면 그나마 정량적이고 객관적으로 집단 안에서 누가 마당발인지를 찾을 수 있는 흥미로운 방법이다.

과학
상자

3

마당발이 생기는 이유를
이해하는 법

척도 없는 연결망과 허브가 중요한 이유

2장에서 우리는 점과 선으로 연결된 사람 사이의 관계, 즉 사회 연결망을 봤다. 또한 사회 연결망에는 유독 선이 많은 마당발이 있으며 이 마당발을 통해 백신 배포 같은 어려운 과제를 효율적으로 해결할 수 있다는 흥미로운 결론을 얻었다.

우리 주변의 많은 연결망은 소수의 노드가 많은 링크를 가지는 데 반해 대부분의 노드는 링크가 몇 개 없는 '척도 없는scale-free 연결망'의 모습을 띤다. 척도 없는 연결망의 대표적인 예가 바로 인터넷이다. 링크가 몰려 있는 소수의 허브 덕분에 인터넷은 통신망이 공격받는 전쟁이나 재난 상황에서도 굳건히 정보를 전달하지만 바로 그런 이유로 허브가 무너지면 전체 통신망도 파괴된다는 특성이 있다.

이 척도 없는 연결망은 사회 연결망뿐만 아니라 연결망으로 그릴 수 있는 모든 관계에 적용될 수 있는, 통계물리학에서 가장 중요한 도구 중 하나이다. 척도 없는 연결망을 통해 우리는 왜 마당발이 생겨나는지 이해할 수 있으며 이를 통해 현실에서 일어나는 다양한 사건의 미래를 예측할 수도 있다.

통계물리학자가 이해하는 척도 없음

많은 사람이 척도, 잣대, 혹은 축척의 뜻을 갖는 영어 단어 'scale'에 '~이 없는'의 뜻을 가진 'free'를 붙인 단어 'scale-free', 우리 말로 하자면 '척도 없음'이라는 말이 도대체 무엇을 가리키는지 물어본다. 고교 수학 시간에 배우는 함수를 통해 이해해보자. 그중 $y=x^2$이라는 간단한 이차 함수를 먼저 생각해보자. 척도가 없다는 말은 수학적으로는 척도 변환scale transformation에 대해 불변임을 의미한다. '척도', '변환', '불변'과 같은 익숙하지 않은 단어가 독자에게 어렵게 들릴 것 같다. 하지만 말이 어렵다고 포기하지 말고 조금만 참고 자세히 읽어주시기를.

먼저 척도 변환은 말 그대로 척도를 바꾸는 것이다. 예를 들어 길이 1m를 2m로 두 배 늘리는 것도 척도 변환이고, 질량 50kg을 25kg으로 절반으로 줄이는 것도 척도 변환이다.[1] $y=x^2$에 대한 척도 변환이란, x를 a배, y를 b배 하는 변환을 의미한다. 즉, $X=ax$,

$Y=by(a \neq 1, b \neq 1)$로 변수를 바꾼다. 이 변환에 대해서 $y=x^2$ 은 $y=Y/b$, $x=X/a$이므로 $Y/b=X^2/a^2$이 되고, 이를 정리하면 $Y=(b/a^2)X^2$의 꼴이 된다. 따라서 b를 a^2과 같다고 놓으면, 척도를 변환한 후에도 여전히 $Y=X^2$의 꼴이 되어서 처음의 $y=x^2$의 꼴과 정확히 같다. 즉, $y=x^2$은 척도 변환에 대해 변하지 않으므로 척도 변환에 대해 불변이고, 따라서 척도가 없는 함수다.

하지만 모든 함수가 척도 변환에 대해 불변인 것은 아니다. 위의 논의를 일반화해 $y=f(x)$라는 함수를 척도 변환해보자. 즉, x를 a배, y를 b배 변환한다고 하고 새 변수 X, Y를 편의상 다시 x, y로 적으면 원래의 꼴 $y=f(x)$에서 x는 x/a로, y는 y/b로 바꿔 쓸 수 있다. 이제 원래의 식 $y=f(x)$는 $y/b=f(x/a)$가 된다. 이때 척도 변환에 대해 불변이려면 $bf(x/a)=f(x)$를 만족하는 b가 임의의 a에 대해 존재해야 한다. 바로 그럴 때만 이 함수는 척도가 없다고 말할 수 있다.

여기서 재밌는 사실은 멱함수, 즉 예로 든 $y=x^2$처럼 $y=Ax^c$의 꼴(A, c는 상수)인 함수만이 척도가 없다는 점이다. 위의 식에 $f(x)=Ax^c$를 대입하고 $b=a^c$를 택해보자. 이렇게 하면 $bf(x/a)=(b/a^c)x^c=f(x)$를 만족하게 된다. 즉, $y=Ax^c$은 척도 변환에 대한 불변 조건을 만족한다는 사실을 쉽게 확인할 수 있다. 고등학교에서 배우는 다항 함수, 삼각 함수, 지수 함수, 그리고 로그 함수 같은 대부분의 함수는 척도가 있다. 척도 변환에 대해서 불변이 아니라는 말이다. 예를 들어, $y=\sin x$는 어떤 a, b를 택하더라도 $X = ax$, $Y = by$라는 척도 변환에 대해서 $Y = \sin X$의 꼴을 얻을 수 없다.

척도 없는 두 함수를 더했다고 해서($y = x + x^2$처럼), 척도 없음의 특성이 유지되지는 않는다. 다양한 형태의 함수 중 $y = Ax^c$의 꼴일 때만 척도 없는 함수가 된다. c가 0보다 커서 늘어나는 멱함수든 0보다 작아서 줄어드는 멱함수든 마찬가지다. 이처럼 멱함수만 척도가 없다 보니 척도 없음은 늘 멱함수와 함께 거론된다. 기억하시라. 멱함수만 척도 변환에 불변이고 따라서 척도가 없다.

그래프로 함수를 그려 척도 없음을 쉽게 확인할 수도 있다. $y = f(x)$를 그래프로 그릴 때, 가로축의 x와 세로축의 y를 모두 다로그의 축척으로 그려보자. $y = f(x) = Ax^c$로 주어진 멱함수의 경우, 양변에 로그를 취하면 $\log y = \log A + c \log x$이므로 $\log y = Y$, $\log x = X$로 치환하면 $Y = A' + cX$의 꼴이 된다. 즉, 지수가 c인 멱함수를 로그의 축척으로 그리면 기울기가 c인 직선 꼴이 된다.

척도 변환에서 x를 x/a로 바꾸는 변환은 로그 축척에서는 그래프를 가로축으로 평행 이동하는 것에, 또 y를 y/b로 바꾸는 변환은 세로축으로 평행 이동하는 것에 해당한다. 나눗셈 x/a와 y/b는 로그 축척에서는 뺄셈 $\log x - \log a$, $\log y - \log b$에 각각 대응함을 생각하면 쉽게 이해할 수 있다. 이제 이렇게 그린 그림에서 주어진 함수가 척도 변환에 불변이라는 말은, 그래프를 좌우로 이동(x를 x/a로 변환)한 다음에 위아래로 움직여(y를 y/b로 변환) 원래의 그래프와 다시 겹치게 할 수 있다는 말과 정확히 같다. 독자도 한번 해보시라. 〈그림 1〉에 그린 것처럼, 로그의 축척으로 그린 그래프에서 곧게 뻗은 일직선 그래프(즉 $f(x)$가 멱함수의 꼴일 때)만 가로축 방향과 세로축 방향으로 한 번씩 평행 이동해 다시 겹쳐지게 만들 수 있다. 물리학자는 어떤 함수가 척도가 있는지 없는지를 판단할 때 가로축, 세로축 모두를 로그의 축척으로 그려서 곧게 뻗은 직선을 따르는 영역이 있는지를 살펴본다.

척도 없는 확률 분포로 척도 없음 이해하기

이어지는 5장에서 자세히 소개할 도구인 확률 분포로 척도 없음을 더 깊이 이해해보자. 우리나라 남성의 키는 종 모양의 정규 분포를 따른다. 즉, 키가 H인 남성의 비율은 $e^{-(H-\mu)/2\sigma^2}$의 꼴을 따라 평균 키 μ에서 멀어질수록 그 확률이 급격히 줄어든다. 이처럼 키의 확률 분포 함수 $P(H)$는 멱함수의 꼴이 아니다. 척도가 있다. 우리나라 국민의 소득 확률 분포는 소득이 많은 꼬리 쪽의 꼴이 멱함수의 형태로 줄어든다(이것 역시 5장에서 논의한다). 다시 말해 사람들의 소득에는 척도가 없다. 척도가 없는 양은 얼마나 커야 크다고 할 수 있는지 정하기 어렵다. 평균 소득보다 10배, 100배, 1000배 더 많은 소득을 올리는 사람이 있기 때문이다. 척도가 있는 키는 다르다. 10배는 고사하고 심지어 2배 키가 큰 사람도 없다.[2]

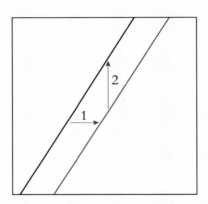

그림 1 로그 축척으로 그리면 멱함수는 곧은 직선의 꼴이 된다. 가로축 방향으로 평행 이동(1번 화살표)하고 나서 다음에 세로축 방향으로 평행 이동(2번 화살표)을 하면 원래의 직선에 겹쳐지게 할 수 있다. 멱함수만 이렇게 할 수 있으니, 멱함수만 척도가 없다. 직선이 아닌 곡선을 아무거나 그리고는 위의 방법으로 다시 겹쳐지게 만들 수 있는지 살펴보라.

바로 이런 이유로 척도가 없는 양은 '두터운 꼬리fat tail'를 가진다고 이야기한다. 확률 분포의 꼬리 부분이 지수 함수처럼 척도가 있는 경우보다 훨씬 더 크기 때문이다.

정리해보자. 멱함수 꼴의 확률 분포 함수일 때 우리는 그 양이 척도가 없다고 한다. 그리고 척도가 없는 양은 두터운 꼬리를 가져서 값이 아주 크더라도 그 값을 관찰할 수 있다.

멱함수 꼴로 줄어드는 확률 분포의 경우, 일반적인 멱함수와 마찬가지로 양변에 로그 함수를 취하면 $\log P = A - \alpha \log x$의 꼴이 되어 가로축에 확률 변수 x를 로그의 축척으로, 세로축에 확률 P를 로그의 축척으로 그래프를 그리면(즉, $Y = \log P$, $X = \log x$로) 기울기가 $-\alpha$인 직선 모양이 된다. 이런 방식으로 확률 분포의 꼬리 부분이 똑바른 직선의 꼴을 따른다면, 멱함수 꼴의 꼬리를 가지는 척도 없는 확률 분포다.

소득의 확률 분포 말고도 척도가 없는 확률 분포가 많다. 대표적인 것이 지진이다. 〈그림 2〉는 기상청의 이덕기 박사와 박순천 박사, 그리고 내 연구 그룹의 이대경 연구원의 도움으로 그려본 규모(M)가 2보다 큰 지진 자료의 누적 확률 분포 $P_{cum}(M)$다.[3] 지진의 규모 M은 진앙에서 발생한 지진 에너지의 로그값[4]에 해당하는 양이므로 〈그림 2〉는 지진 에너지 누적 확률 분포의 꼬리 부분이 명확히 멱함수의 꼴임을 알려준다. 이 그래프를 이해하는 방법은 간단하다. 먼저 궁금한 M 값을 정한 후에 가로축의 그 값에 해당하는 세로축의 값 $P_{cum}(M)$이 얼마인지 보는 거다. 세로축에서 읽은 값이 바로 규모가 M보다 더 큰 지진이 일어날 확률이다.

〈그림 2〉에 따르면 우리나라에서 규모가 6 이상인 지진이 일어날 확률은 0.1% 정도라서 규모 2 이상인 지진 약 1000번에 한 번꼴로 규모 6 이상인 지진이 일어난다. 규모가 7인 지진은 이보다 훨씬 드물어 규모 2 이상인 지진 중 약 1만 번에 한 번꼴로 일어난다. 규모 8인 지진은 약 10만 번에 한 번꼴이다.

기상청의 지진 자료에는 지진의 발생 시점도 함께 있어서 다른 계산도 할 수 있다. 바로 규모가 M이상인 지진이 몇 년에 한 번 정도 발생할 것인지에 대한 예측이다. 〈그림 3〉의 세로축에 표시된 T가 바로 그 '몇 년'에 해당한다. 그래프에 따르면 규모 5 이상인 지진은 3년에 한 번꼴로, 6 이상인 지진은 약 40년에 한 번꼴로 발생하리라 예상할 수 있다. 규모 5.8인 2016년 경주 지진도 우리나라에서 몇십 년 안에 한 번 정도 일어날 규모라서 사실 특별한 예외라고 하기는 어렵다. 참고로 〈그림 3〉의 직선이 아직 관찰되지 않은 큰 규모의 지진에 대해서도 마찬가지로 성립한다고 가정하면, 규모 6.5 이상인 지진은 약 120년에 한 번, 규모 7 이상인 지진은 약 300년에 한 번, 그리고 규모 8 이상인 지진은 약 2000년에 한 번꼴일 것으로 추측할 수 있다.[5] 참고로 과거 원자력 발전소의 내진 설계 기준은 6.5였고 최근에는 그 기준이 7.0으로 상향되었다. 신규 원전의 설계 수명은 약 60년이라고 한다. 60년 안에 규모 7 이상인 지진이 발생할 확률의 기대치는 약 20%다. 물론

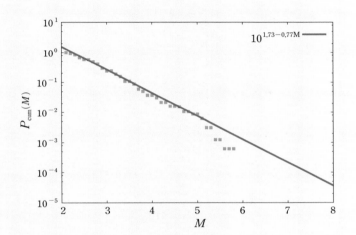

그림 2 1978년부터 최근까지 우리나라에서 발생한 규모 2.0 이상인 1565개
의 지진 자료로 구한 지진 규모 M의 누적 확률 분포 $P_{cum}(M)$. 단, 분석에
이용한 지진 자료가 달라지거나 추가되면 $P_{cum}(M)$의 예측값은 달라질 수
도 있다. [기상청 홈페이지(http://www.kma.go.kr/weather/earthquake_
volcano/domesticlist.jsp)에 공개된 기상청 통보 지진 자료를 이용했다.]

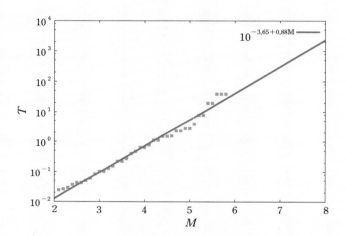

그림 3 1978년부터 최근까지 우리나라에서 발생한 규모 2.0 이상인 1565개의 지진 자료로 구한 지진 규모 M 이상의 지진이 한 번 정도 일어날 것으로 예측되는 시간 T(단위=년). 예를 들어, 규모 5 이상인 지진은 약 3년에 한 번꼴이다. 단, 분석에 포함한 지진의 발생 기간을 달리하거나 지역적인 차이 등을 고려한다면 T의 예측값은 다소 달라질 수도 있다. (기상청 홈페이지에 공개된 기상청 통보 지진 자료를 이용했다.)

지진이 원전의 위치에서 발생할 때의 경우라, 실제 원전이 규모가 큰 지진에 의해 피해를 입을 확률은 이보다 작다. 하지만 원전의 내진 설계에 좀 더 강화된 기준이 필요하지 않냐는 것이 내 솔직한 생각이다.

사실 규모가 큰 지진이 언제 일어날지 그 시점을 미리 예측하는 일은 불가능하다. 지진에 대한 기존의 모든 연구가 이구동성으로 얻은 결론이다. 그럼에도 불구하고 〈그림 2〉와 〈그림 3〉과 같은 지진의 통계적 특성에 대한 이해는 매우 중요하다. 내진 설계를 할 때 어떤 건물의 내구연한 기간 안에 일어날 확률이 아주 작은 대규모 지진에 대해 대비할 필요는 없기 때문이다. 1만 년에 한 번꼴로 일어나는 큰 규모의 지진에 대비해 50년 사용할 건물을 과도하게 튼튼하게 지을 필요는 없는 것이다. 하지만 조심할 것이 있다. 50년마다 한 번씩 새로 건물을 200번 짓는다면, 200번 중 한 번꼴로 그 건물은 1만 년에 한 번 일어나는 큰 규모의 지진에 의해서 피해를 받을 수도 있다. 물론 이런 지진 피해가 발생한다고 해서 지진의 확률 분포가 잘못된 것도 아니고 내진 설계를 한 사람을 비난할 수도 없다. 도대체 몇 년에 한 번 정도 일어나는 지진에 대비해 내진 설계를 할지는 건설 비용과 피해 예상액을 고려한 사회적 합의가 필요하다.

다시, 척도 없는 연결망이란?

자, 이제 다시 연결망에 대한 이야기로 돌아가자. 어떤 함수가 척도가 없다고 할 때는 앞에서 설명한 것처럼 $y=f(x)$에 등장하는 x와 y의 척도를 변환해도 함수의 꼴이 변화 없이 유지된다는 뜻이다. 척도 없는 연결망을 이야기하려면 $y=f(x)$에 등장하는 x와 y가 무엇인지 정해야 한다. 연결망 분야 연구자들은 x는 연결망의 노드가 가진 연결된 이웃의 숫자 k를, 그리고 y는 확률 분포 $P(k)$를 택하자고 합의했다. 따라서 척도 없는 연결망이란 구체적으로는 이웃 수 k의 확률 분포가 멱함수 꼴, 즉 $P(k) \sim k^{-\gamma}$를 만족하는 연결망이다. 다시 말해 척도 없는 연결망은 이웃 수에 척도가 없다. 현실의 연결망 중에도 이웃 수 분포 함수 $P(k)$의 일부 구간이 멱함수의 꼴을 따르는 것이 여럿 있다.

앞에서 이야기한 것처럼 꼬리가 두터운 멱함수 꼴의 확률 분포를 보이는 양은 아주 큰 값을 가질 수 있다. 인류 역사상 가장 큰 규모의 지진이 다음 달에 발생한다고 해서 지진 연구자를 탓할 수 없다는 말이다(걱정하진 마시라. 그 확률은 0은 아니지만 아주 아주 작다). 마찬가지다. 척도 없는 이웃 수 분포를 가지는 커다란 연결망에는 당연히 '허브'가 존재한다. 척도 없는 연결망은 엄청난 이웃 수를 가지는 극소수의 허브와 이웃 수가 몇 명 안 되는 절대다수의 수많은 노드가 공존하는 구조다. 2장에 등장했던 스웨덴 사람들의 성관계 연결망도 척도 없는 연결망에 가깝다. 그렇기에 카사노바 같은 사람이 가능했던 셈이다.

연결망에 있는 척도 없음의 특성을 알고 나면, 왜 인터넷이 여기저기 마구잡이로 일어나는 고장에 대해 굳건하게 전체 연결망의 통신을 유지할 수 있는지, 그리고 허브가 공격당했을 때는 왜 인터넷 통신이 큰 장애를 겪는지 이해할 수 있다.

척도 없는 연결망을 앞에 두고 연결망의 아무 노드나 마구잡이로 하나를 독자가 딱 짚어보는 상황을 상상해보라. 이 노드가 허브일 가능성은 거의 없다. 허브는 몇 개 없고 이웃 수가 적은 평범한 노드가 연결망을 구성하는 절대 다수의 노드이기 때문이다.[6] 이런 이유로 정전 같은 문제로 인해 일부 노드에 문제가 생기더라도, 전체 인터넷은 통신을 유지할 수 있다. 이런 무작위적인 고장은 아주 높은 확률로 이웃 수가 적은 노드에서 발생할 수밖에 없다. 이웃 수가 적은 노드가, 이웃 수가 많아 무척 중요한 허브보다 훨씬 더 많다는 단순한 이유 때문이다. 전쟁이 일어나 적국이 폭격을 하는 상황도 마찬가지다. 정확히 조준되지 않은 포탄에 의해 여기저기의 통신 노드가 작동을 멈추더라도, 척도 없는 연결망의 구조를 가지는 통신망은 거의 두절되지 않는다. 이처럼 척도 없는 연결망은 마구잡이로 일어나는 고장에 대해 아주 튼튼하게 전체의 연결을 계속 유지할 수 있다.

하지만 척도 없는 연결망에는 단점도 있다. 연결망의 허브에 문제가 생기면 전체 연결망의 통신이 쉽게 끊어질 수 있다. 허브 노드에는 링크가 많으므로 정확히 조준한 공격을 당해 허브 노드가 작동을 멈추면, 이 노드에 연결된 수많은 다른 노드로 정보가 전달되지 않는다. 나쁜 의도를 가진 해커가 인터넷의 허브 노드를 공격하거나 적국의 포탄이 군 통신 연결망의 허브를 포격하면 척도 없는 연결망 안에서 정보가 멀리 전달될 수 없다. 즉, 허브는 여기저기서 마구잡이로 고장이 나도 연결망이 굳건하게 통신을 유지할 수 있게 해주는 고마운 존재이지만 동시에 표적이 되어 공격을 받으면 전체 연결망의 통신을 붕괴시키는 아킬레스건 같은 존재다.

허브는 다른 중요한 역할도 있다. 오늘 저녁 난생 처음 방문하는 광화문 근처에서 무얼 먹을까 고민하고 있다면, 친구 중에 가장 마당발인 사람에게 물어보는 것이 좋다. 그 친구는 본인이 직접 식당을 추천하지는 못하더라도 친구가 워낙 많으니 분명히 주변 사람을 통해 알아봐 줄 수 있다. 이처럼 허브는 연결망에서 정보가 소통되는 데에 큰 역할을 한다. 척도 없는 연결망에서 임의로 두 사람을 아무나 고르고 이 두 사람을 가장 짧게 연결하는 경로를 계산하면, 이런 경로 중 상당히 많은 수가 연결망의 허브를 거치게 된다. 즉, 척도 없는 연결망에서 허브의 존재는 양날의 검 같은 존재다. 연결망 안에서 일어나는 소통에 기여하지만 막상 허브에 문제가 생기면 정확히 같은 이유로 연결망 전체의 소통에 큰 장애가 생기기 때문이다.

척도 없는 연결망에서 길 찾기

한국과학기술원 물리학과 정하웅 교수는 척도 없는 연결망 연구로 훌륭한 업적을 많이 냈는데, 그중 웹페이지를 하나 방문하고는 그 웹페이지에 링크된 웹페이지를 차례로 자동 방문하는 과정을 반복하는 '로봇' 프로그램을 만들어 월드와이드웹World-Wide-Web, www이 어떤 연결망 구조를 가지는지 분석한 재밌는 연구도 있다. 연구를 수행한 1999년 당시 전체 WWW에 존재하는 웹페이지의 숫자는 약 8억 개로 예상되었고, 정 교수는 이 논문에서 WWW로 연결된 두 웹페이지는 약 19개의 단계면 서로 연결될 수 있다는 것을 보였다. 즉, 컴퓨터 화면을 보며 딱 19번만 하이퍼링크를 클릭하면 전 세계의 어느 웹페이지라도 방문할 수 있다는 말이다.

물론 지금은 당시보다 훨씬 더 많은 웹페이지가 있을 것이 분명하다. 그렇지만 WWW에 존재하는 웹페이지의 수에 대해서 가장 긴 경로의 길이는 로그 함수의 꼴을 따르기에 지금도 아마 20~22단계 정도면 WWW의 임의의 두 웹페이지는 이론상으로는 연결될 수 있을 것이다.

내가 정 교수를 비롯한 다른 공동 연구자와 함께 했던 연구도 소개하겠다. 연결망에서 주어진 두 노드를 연결하는 가장 짧은 경로를 찾기 위해 널리 쓰이는 컴퓨터 알고리듬이 있다. 〈그림 4〉에 링크에 방향성이 없고 가중치도 없는 단순한 연결망에 사용하는

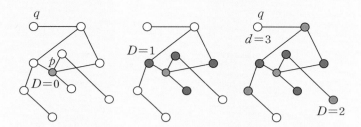

그림 4 방향성이 없고 가중치도 없는 단순한 연결망에서 노드 p에서 노드 q까지의 가장 짧은 경로의 길이를 구하는 너비 우선 탐색breadth-first search 방법. 오늘 날짜를 $D=0$이라 하자. 오늘 나무 p에 불이 났다. 불붙은 나무는 링크로 이어진 바로 옆 나무들에 하루에 한 번 불을 옮긴다고 생각하자. 내일인 $D=1$에는 p와 연결된 네 그루의 나무에 불이 옮겨붙고(가운데 그림의 파란색 노드들), 하루가 더 지나 이틀째인 $D=2$에는 파란색으로 표시된 나무들이 또 불을 옮겨 새로 세 그루의 나무(맨 오른쪽 그림의 빨간색 노드들)에 불이 붙는다. 나무 q에 언제 불이 옮겨붙는지를 구하면 그 값이 바로 p에서 q를 연결하는 가장 짧은 경로의 길이가 된다($d=3$). 너비 우선 탐색으로 가장 짧은 경로를 구하기 위해서는 모든 노드가 다른 모든 노드에 어떻게 연결되어 있는지에 대한 연결망 전체 구조의 전역적인 정보가 필요하다.

너비 우선 탐색breadth first search 알고리듬이 구현돼 있다. 이 방법을 따르면 연결망의 두 노드를 연결하는 가장 짧은 경로를 구할 수 있다. 하지만 이 알고리듬은 연결망의 노드를 연결하는 모든 링크에 대한 전역적인 정보global information가 주어져야 작동한다. 개개의 노드가 다른 노드와 어떻게 연결되는지 연결망 전체의 구조를 알아야만 사용할 수 있는 알고리듬인 것이다. 실제 연결망에서는 절대 그럴 수가 없다.

예를 들어보자. 지구상에 존재하는 누구나 미국 대통령과 6~7단계 정도면 인편으로 편지를 전달할 수 있다(1장 참고). 하지만 내 친구 중 누구에게 편지를 처음 전달해야 할지는 지구에 존재하는 모든 사람의 사회 연결망을 만들어보기 전에는 미리 알기 어렵다. 가장 짧은 지름길이 존재한다는 사실과 그 지름길을 찾아서 정말로 그 길을 걷는 행동은 다른 얘기다. 이런 상황에서 어떻게 편지를 전달해야 할지 고민하다 내 친구 중에 가장 친구가 많은 마당발에 편지를 전달하면 어떨까 생각해봤다. 내 친구 각각이 몇 명씩 친구를 두고 있는지는 전역적이 아닌 국소적인 정보local information다.

내 친구 중 가장 마당발인 친구에게 편지를 전달하면서 이렇게 부탁을 한다. "너도 네 친구 중 가장 마당발인 친구에게 편지를 전달하고 그러면서 나랑 똑같은 부탁을 해"라고 하면 얼마나 긴 경로로 편지가 전달되는지를 생각해보자. 〈그림 5〉에 내가 제안했던 방법을 설명해 보았다.

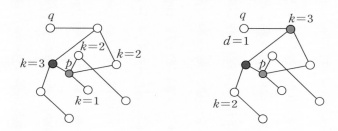

그림 5 노드 p에서 노드 q까지의 경로를 이웃의 이웃 수라는 국소적인 정보를 이용해 구하는 방법. 노드 p는 먼저 자신의 이웃 각각이 몇 명의 이웃을 가지는지를 파악한다. 왼쪽 그림에 p에 직접 연결된 네 개의 노드 각각의 이웃 수 k를 적었다. p는 이웃 중 가장 이웃이 많은 마당발에게 편지를 전달하게 된다(파란색 노드). 편지를 전달받은 파란색 노드도 마찬가지로 자기의 이웃 중 가장 이웃이 많은 노드(빨간색 노드)에게 편지를 전달한다. 빨간색 노드는 q와 이웃이니, q에게 편지를 직접 전달하면 된다. 따라서 "이웃 중 가장 친구가 많은 마당발에게 편지를 전달한다"는 방법을 이용하면 p에서 q로 이어지는 경로의 길이는 $d=3$이 된다.

내가 제안한 방법은 척도 없는 연결망에 있는 허브의 존재에 착안한 것이었다. 그 결과 '이웃 중 가장 친구가 많은 마당발에게 전달하는 방법'을 택해도, 경로의 길이가 연결망의 크기에 대해서 로그 함수로 증가한다는 사실을 보일 수 있었다. 즉, 전역적인 정보를 활용한 너비 우선 탐색이 아니라 국소적인 정보만을 이용해 경로를 찾아도 척도 없는 연결망은 여전히 좁은 세상 효과를 보인다.

3장에서는 척도 없음의 의미, 척도 없는 확률 분포의 예로서 지진 현상, 그리고 우리가 사는 실제 세상에서 다양하게 발견되는 척도 없는 연결망에 대한 이야기를 해보았다. 척도 없는 연결망의 허브는 연결망을 가로지르는 소통을 가능하게 만드는 고마운 존재이기도 하지만 막상 문제가 생기면 거꾸로 연결망 안의 정보 전달에 장애가 되는 아킬레스건 같은 존재이기도 하다. 또 척도 없는 연결망에서 다른 노드와 연결할 수 있는 실제적인 방법도 제안했다. 궁금한 질문이 있으면 친구에게 물어보면 된다는 것이 3장의 결론 중 하나다. 가능하면 마당발 친구에게 말이다.

척도 없는 연결망은 드문 걸까?

지금까지 멱함수 꼴의 이웃 수 분포를 보이는 척도 없는 연결망이 무엇인지, 그리고 척도 없는 연결망에서 벌어지는 현상에는 어떤 흥미로운 특징이 있는지 살펴봤다. 하지만 척도 없는 멱함수 꼴의 이웃 수 분포 $P(k) \sim k^{-\alpha}$의 꼴을 정확히 따르는 연결망이 정말 현실에 존재하는지는 오랫동안 논의된 중요한 문제다.

대부분의 연결망 연구자는 자연과 사회에 존재하는 수많은 현실의 연결망 중에 척도 없는 연결망이 흔하다고 믿었다. 그런데 2019년에 〈척도 없는 연결망은 드물다Scale-free networks are rare〉라는 논문이 출판되어 척도 없는 연결망 논쟁에 다시 불을 붙였다. 거의 1000개에 육박하는 현실의 여러 연결망에 통계적 검증 방법을 적용해서, 이 중 딱 4%만을 엄밀한 의미에서 척도 없는 연결망으로 볼 수 있다는 점을 밝힌 연구다. 그렇기에 깜짝 놀랄 결론이 담긴 이 논문은 연결망 연구 분야에서 널리 회자되었다(심지어 출판 시점에 이미 50번 이상 다른 논문에서 인용되기도 했다).

내가 '다시 불을 붙였다'라고 적은 이유가 있다. 이 논문의 저자 애론 클로셋Aaron Clauset은 2009년에 출판한 논문에서도 비슷한 결론을 주장했다. 2019년 연구는 과거의 연구보다 훨씬 더 많은 연결망을 분석에 이용했다는 점에서, 척도 없는 연결망이 현실에서 아주 드물다는 결론에 더 큰 무게가 실렸다. 2019년 논문에 대한 비평을 담은 페터 홀메의 논문도 나란히 출판되었다. 제목은 〈드물지만 어디에나 있다Rare and everywhere〉이다.

우리말 속담에 팔은 안으로 굽는다고 했다. 통계적 방법에 기반한 애론 클로셋의 "척도 없는 연결망은 아주 드물다"라는 결론을 물리학자인 내가 액면 그대로 받아들이기는 어려웠다. 통계적 방법에 심각한 문제가 있다는 뜻이 전혀 아니다. "많은 연결망은 척도가 없는 거듭제곱 꼴의 이웃 수 분포를 보인다"라는 말이 물리학에서 어떤 의미를 가지는지를 생각하면 클로셋의 결론은 비록 맞는다 해도 큰 의미가 없어 보인다.

연결망 연구자 바라바시(2장에서 소개한 BA 연결망 모형의 주인공)도 비슷한 생각을 피력했다. 그는 클로셋의 연구가 크고 작은 돌멩이를 떨어뜨리는 실험을 여러 번 하고 그 데이터를 분석해서 어떤 돌도 엄밀한 의미에서 자유 낙하를 하지 않는다는 결론을 내리는 행위와 비슷하다고 말했다. 복잡한 현상을 설명할 때 그 현상에 가장 중요한 영향을 미치는 요인에 우선 주목하는 물리학의 어림 방법론을 생각하면 척도 없는 연결망이 드물다는 주장은 사실 별로 놀랍지 않다. 오히려 4%에 해당하는 실제 연결망이 진짜 척도 없는 연결망이라는 통계적인 결과가 더 놀랍다고 할 수 있다. 이는 마치 공기 저항, 바람, 지구의 자전에 의한 코리올리의 효과 등이 있는데도 불구하고 100개의 돌멩이를 여기저기서 낙하했더니, 물체의 속도가 엄밀하게 $v=gt$를 따르는 돌이 4개가 있었다는 얘기처럼 들린다. '딱 4개뿐'을 '무려 4개나'라고 해석할 수도 있다는 말이다.

마찬가지로 물리학자인 홀메도 비평 논문에서 엄밀한 의미의 척도 없음은 크기가 무한대인 연결망에서만 관찰할 수 있으므로 제한된 현실의 연결망을 분석해 진정한 의미의 척도 없음을 직접 확인하기는 어렵다고 말했다.

나도 홀메의 말에 동의한다. 나는 척도 없음은 현실의 연결망을 보는 첫 번째도 아닌 영 번째 어림zeroth-order approximation이라고 생각한다. 정확히 성립하지는 않겠지만 연결망을 이해하기 위해 가장 먼저 해볼 수 있는 좋은 어림 방법이라는 뜻이다.

척도 없는 연결망은 정말 드물다. 하지만 어디에나 있다. 어디에나 있겠지만 왜 이토록 드물게 발견되는지 우리는 아직 속속들이 그 답을 알지 못한다. 아직 갈 길이 남아있다. 전통적으로 통계물리학에서 척도 없음은 연속 상전이가 일어나는 임계점 부근에서 자주 발견되는 특성이다. 척도 없는 임계 현상을 쉽게 설명하자면 상전이가 일어나는 물리계는 가까이서 보든 멀리서 보든 똑같아 보인다는 뜻이다. 이를 수학적으로 기술한 것이 바로 1982년에 노벨 물리학상을 받은 물리학자 케네스 윌슨Kenneth Wilson의 되틀맞춤 이론 또는 재규격화군 이론[7]이다. 상전이점은 거리의 척도를 바꾸는 재규격화군 변환의 부동점fixed point이다. 이는 상전이하고 있는 시스템은 가까이서 보나 멀리서 보나(즉, 재규격화군 변환을 하면) 똑같아 보인다는 말이다.

＊　＊　＊

통계물리학의 바로 이 척도 없는 임계성은 또 다른 중요 개념인 보편성universality의 근거가 되기도 한다. 가까이서 보나 멀리서 보나 같아 보이니, 가까이서 봤을 때만 보이는 세세한 차이는 임계 현상에 중요한 영향을 미칠 리가 없다고 할 수 있다. 실제로도 물리계가 놓인 공간과 동역학적 변수가 각각 몇 차원인지, 물리계가 어떤 대칭성symmetry을 갖는지와 같은 몇몇 특성이 동일하기만 하면 완전히 다른 물리계라도 정확히 같은 임계 현상이 나타난다. 예를 들어 3차원에서 자석이 자성을 갖는 상전이는 기체가 액체로 변하는 상전이와 정확히 같은 임계 현상이다. 세상에 존재하는 구체적인 물리계의 상전이는 정말 다양하지만 단지 몇 개의 보편성류universality class로 묶을 수 있다. 통계물리학은 이처럼 수많은 개별자를 관통하는 보편적인 특성에 주목하고자 한다.

점이 뭉치는 커뮤니티 찾는 법

커뮤니티 찾는 모형들

많은 사람이 누리 소통망을 이용한다. 나는 요즘 주로 페이스북을 통해 세상과 소통한다. 페이스북 친구 중에는 내 고향 친구, 내가 일하는 성균관 대학교의 학생, 나와 같은 통계물리학 전공자도 있고, 다른 대학 물리학과 교수도 있다. 내가 속한 몇 단체에서 함께 활동하는 사람들도 있다. 나와 어떤 관계인지 내가 잘 알고 있는 친구가 많다.

그런데 나를 모르는 제3자가 내 사회 관계의 연결망이 어떤 구조로 서로 중첩되고 얽혀있는지 알아채기는 어렵다. 링크의 유무라는 정보만을 이용해서 연결망 안에서 사람들이 어떤 커뮤니티 구조를 갖는지를 객관적이고 정량적인 방법으로 살펴볼 수 있을까? 각자는 한 커뮤니티에 속하고 이렇게 구성된 커뮤니티가 모여 전체 연결망을 구성한다고 생각하는 것이 출발점이다. 사람 하나하나를 노드로 해서 그리면 노드가 너무 많아 정말 복잡해 보이는 연결망이라도, 여러 노드로 구성된 커뮤니티 하나를 하나의 노드로 표현해서 다시 그리면 직관적으로 더 쉽게 전체 구조를 한눈에 파악할 수 있을 때도 많다.

연결망 안 커뮤니티 찾기는 응용 가능성이 다양하다. 예를 들어보자. 국회의원은 같은 정당뿐 아니라 다른 정당의 의원과도 다양한 방식으로 서로 교류할 것이 분명하다. 따라서 국회의원 개인이 다른 의원과 맺는 관계의 데이터를 모아 국회의원 전체의 연결망을 그려 보고 그 안의 커뮤니티들을 찾아볼 수 있다. 아마도 이렇게 찾은 커뮤니티는 의원들의 소속 정당과 겹치는 경우가 대부분일 테지만 그렇지 않은 국회의원도 있을 수 있다. 이런 사람은 어쩌면 소속 정당을 다른 정당으로 바꿀 가능성이 큰 사람이라고 생각할 수도 있고, 또 정당을 바꾼다면 어느 정당으로 옮겨갈지도 예상해볼 수 있다.

다른 예도 있다. 제2차 세계대전이 발발하기 이전의 유럽의 여러 나라 사이의 관계를 당시의 신문 기사를 보고 분석해 연결망으로 만들 수 있다. 이렇게 만든 연결망 구조로 커뮤니티를 찾으면 여러 나라가 서로 연합해 두 개의 그룹으로 나뉠 때 어느 나라가 어느 동맹에 편입할지 예측할 수도 있다.

가라테 클럽 연결망에서 커뮤니티 찾기

연결망 안에서 커뮤니티를 찾는 새로운 알고리듬을 제안한 과학자는 자신의 방법이 제대로 작동하는지 확인하고 싶어 한다. 네트워크 과학자가 이럴 때 사용하는 표준적인 데이터가 있다. 바로 '자카리의 가라테 클럽Zachary's karate club' 연결망이라는 공개된 데이터다.

1970년대에 과학자 웨인 자카리Wayne Zachary는 한 대학교의 가라테 클럽에 속한 멤버들이 클럽 밖에서 누가 누구와 만나는지를 조사했다. 34명의 멤버 각각을 노드로 하고, 이들 사이의 관계의 유무를 표시하는 전체 78개의 링크를 가지고 연결망을 그려볼 수 있다. 〈그림 1〉이 바로 그 유명한 가라테 클럽 연결망이다. 물론 이렇게 그린 연결망만 보면 이 안에 어떤 커뮤니티가 있는지 한눈에 쉽게 들어오지는 않는다.

자카리가 연구를 진행할 때 가라테 클럽에 흥미로운 일이 발생했다. 가라테 클럽 내부에 갈등이 커져 클럽이 대표가 이끄는 클럽과 사범이 이끄는 클럽으로 나뉘게 된 것이다. 여기서 재밌는 질문을 할 수 있다. 클럽이 둘로 쪼개지기 전에 멤버들 사이의 사회 관계만을 이용해서 대표가 이끄는 클럽과 사범이 이끄는 클럽, 둘 중 어느 클럽으로 각각의 멤버가 옮겨갈지를 예측할 수 있을까? 이는 클럽이 둘로 나뉘기 전의 사회 연결망에서 두 개의 커뮤니티를 알고리듬을 이용해 찾아보고, 그 결과를 누가 어느 클럽에

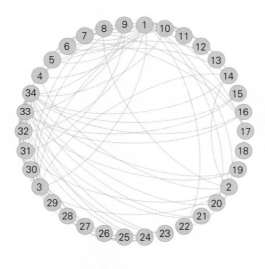

그림 1 자카리 가라테 클럽 연결망. 34명의 멤버 사이의 사회 관계가 링크로 표시되어 있다.

합류했는지에 대한 실제 자료와 비교해보는 것이다. 클럽이 쪼개진 뒤 각 멤버가 실제로 속한 새 클럽과 알고리듬이 찾은 커뮤니티가 일치할수록 알고리듬의 정확도가 높다고 판단할 수 있다. 이와 같은 방법으로 자카리의 가라테 클럽 연결망은 커뮤니티를 찾는 알고리듬의 벤치마크 테스트로 널리 이용된다.

'자카리 가라테 클럽 클럽Zachary's karate club club'이라는 이름의 클럽도 있다. 나는 처음에 이 클럽 얘기를 들었을 때, 클럽이라는 단어가 두 번 중복된 오타인 줄 알았다. 아니었다. 정말 이런 클럽이 있다.

자카리 가라테 클럽 클럽의 멤버 선정 기준이 재밌는데 바로 네트워크에 관련된 학회가 열릴 때, 학회 기간 중의 발표에서 가장 먼저 자카리의 가라테 클럽 연결망을 언급한 과학자가 자카리 가라테 클럽 클럽의 새 멤버가 된다. 트로피도 있다. 새 멤버가 된 과학자는 바로 직전에 멤버였던 사람에게 트로피를 전달받고, 다음 멤버가 정해지기 전까지 트로피를 소장한다. 이 트로피 얘기를 생각하면 난 미소가 떠오른다. 과학자들도 사람이다. 이런 재밌는 장난도 많이 벌인다. 아마 또 누군가는 자카리 가라테 클럽 클럽의 멤버 사이의 연결망을 만들어 보려고 데이터를 이미 모으고 있을지도 모른다.

커뮤니티를 찾는 무지막지한 방법

〈그림 2〉를 보면 연결망 안에서 커뮤니티를 찾는 방법을 직관적으로는 쉽게 이해할 수 있다. 한 커뮤니티에 속한 노드는 같은 커뮤니티의 다른 노드와는 관계가 밀접하지만, 다른 커뮤니티에 속한 노드와는 그렇지 않다는 점을 이용하면 된다. 즉, 커뮤니티가 제대로 찾아졌다면, 커뮤니티 안intra-community의 링크 밀도는 커뮤니티를 가로지르는inter-community 링크 밀도보다 더 클 것이 분명하다.

커뮤니티를 찾는 방법은 크게 둘로 나뉜다. 첫째, 모든 가능한 조합을 남김없이 시도해보는, 정확하지만 시간이 오래 걸리는 무지막지한 방법이다. 둘째, 근사적으로 커뮤니티를 찾아 시간을 단축하는 방법이다. 최근에는 둘째 방법이 더 널리 쓰인다. 현실의 연결망은 워낙에 커서 정확하지만 오래 걸리는 첫째 방법으로는 커뮤니티를 찾는 것이 불가능에 가깝기 때문이다.

예를 들어보자. 크기가 N인 연결망[1]에 각각 크기가 N_1, N_2인 두 개의 커뮤니티가 있다고 하자. 이때 전체 노드를 두 커뮤니티로 나누는 방법은 모두 $N!/(N_1! \cdot N_2!)$ 가지가 있다.[2] 우리나라의 로또 1등 당첨 확률이 $45!/(6! \cdot 39!)$의 역수로 아주 작은 것[3]과 똑같은 이유로, 연결망에서 가능한 커뮤니티 구성의 경우의 수는 연결망의 크기가 커질수록 천문학적인 숫자로 커진다.

크기가 34인 자카리 가라테 클럽 안에 크기가 각각 17인 두

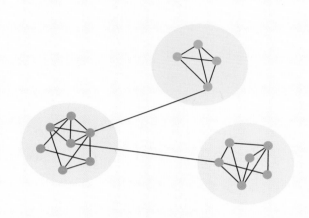

그림 2 연결망 안 커뮤니티. 커뮤니티 안의 노드 사이에는 링크가 많은 반면, 커뮤니티를 가로지르는 링크는 많지 않다.

개의 커뮤니티가 있다는 정보가 주어져 있더라도, 어느 노드가 어느 커뮤니티에 속하는지 따져볼 수 있는 모든 경우의 수는 $34!/(17! \cdot 17!)$이 되어서 약 20억 정도다. 이마저도 사실 단순한 편이다. 커뮤니티가 두 개라는 조건, 그리고 각각의 크기가 17로 딱 주어져 있으니까. 일반적인 경우에는 N이 상당히 클뿐더러 몇 개의 커뮤니티가 있는지, 그리고 커뮤니티 각각의 크기가 얼마인지도 알려져 있지 않은 상태에서 커뮤니티를 찾아야 한다.

크기가 N인 연결망에서 모든 노드를 임의의 개수, 임의의 크기인 커뮤니티로 나누는 경우의 수를 벨 수Bell number라고 부르는데, 크기가 34인 가라테 연결망이라면 그 값이 거의 10^{30}에 육박한다. 그렇기에 정확하지만 시간이 오래 걸리는, 모든 가능한 경우를 하나씩 조사해보는 무지막지한 방법은 크기가 큰 연결망이 자주 등장하는 현실에서는 직접 적용하는 것이 불가능하다.

커뮤니티를 찾는 현실적인 방법

커다란 연결망의 커뮤니티를 정확하게 찾는 일은 어렵다. 한편, 조금 더 생각해보면 주어진 연결망 데이터에도 다양한 이유로 애초에 오류가 있을 수 있으니, 어차피 정확한 커뮤니티를 찾는 일은 큰 의미가 없을 수도 있다. 내가 지금 막 고등학교 동창인 줄로 알고 페이스북 친구 관계를 맺은 사람이 사실은 동명이인의 다른 사람일 수도 있으니 말이다.

대규모 연결망에서 커뮤니티를 찾는 방법에 대한 연구는 상당히 빠르게 발전해왔다. 과학 분야의 근본적인 성격의 연구 주제로 출발해서 이제는 이미 공학적이고 기술적인 응용으로 관심이 옮겨갔다고 할 수 있다. 물리학 분야에서 복잡한 연결망에 대한 연구가 시작되던 시기에 등장한, 커뮤니티를 찾는 방법에 대한 흥미로운 연구들이 있다. 특히 미시간 대학교의 마크 뉴먼Mark Newman 교수가 이끄는 연구 그룹에서 중요한 논문을 연이어 발표했다. 당시에도 이미 컴퓨터 과학 분야에서는 커뮤니티를 찾는 다양한 알고리듬이 개발되어 있었지만,[4] 물리학자들이 이 분야에 큰 관심을 갖기 시작한 계기는 뉴먼의 연구 덕이다.

거번-뉴먼 알고리듬

〈그림 2〉를 다시 보자. 이 간단한 연결망의 모든 노드에 사람이 살고 있다고, 그리고 연결망의 링크는 사람들이 이동하는 길이라고 상상하자. 동그라미로 테두리를 표시한 세 개의 커뮤니티는 사람들이 모여 사는 세 마을이라고 생각해도 좋겠다. 각자는 연결망의 길인 링크를 따라 가장 짧은 길을 걸어 다른 한집을 방문하고 집으로 돌아온다고 해보자. 다음에는 또 다른 사람을 방문하는 일을 계속 이어간다. 모든 사람이 서로를 방문하는 전 과정을 마치고 나면 많은 사람이 걸어서 발자국이 많이 찍힌 길도 있고, 발자국이 얼마 없는 길도 있다. 자, 어떤 길 위에 발자국이 많을까?

조금만 생각해보면, 〈그림 2〉에서 마을 안에 있는 골목길에는 발자국이 별로 없지만 마을과 마을을 연결하는 길에는 발자국이 많을 것을 쉽게 짐작할 수 있다. 눈 내린 골목길에는 눈이 여전히 남아 있어 뽀드득 뽀드득 소리를 들으며 흰 눈 위를 걸을 수 있지만 골목길을 지나 큰길로 나서면 이미 많은 사람이 지나가서 내가 처음 밟을 수 있는 하얀 눈은 거의 남아 있지 않은 것과 같다. 사람들이 길을 따라 이리저리 돌아다니기만 해도, 동네 안 골목길보다 옆 마을로 건너가는 큰 길에 발자국이 많이 찍힐 수밖에 없다.

거번-뉴먼Girvan-Newman 알고리듬은 바로 '길 위에 찍힌 발자국 수'[5]를 이용한다. 먼저 연결망의 모든 길에 얼마나 많은 발자국이 찍혔는지 센다. 그러고는 가장 많은 발자국이 찍힌 링크를 지운다. 또 모든 마을 사람에게 처음부터 다시 다른 사람을 방문하라고 하고는, 길 위의 발자국 수를 세어서 다음에 없앨 길을 정한다. 이 과정을 계속 반복하면 연결망의 링크가 하나씩 하나씩 지워진다. 이렇게 링크를 지워가면서 전체 연결망을 부분으로 나누며 적절한 개수의 커뮤니티가 될 때 계산을 멈춘다. 〈그림 2〉의 경우를 생각하면 발자국이 많은 처음 몇 길을 지우면 결국 세 마을이 각각 고립될 것을 예상할 수 있다. 이렇게 고립시킨 마을 하나하나가 바로 연결망의 커뮤니티다. 각자가 어느 마을에 속하는지에 대한 정보가 전혀 주어지지 않은 상황에서도, 사람들이 서로 서로를 계속 방문하도록 하고는 길 위에 찍힌 발자국의 수만을 이용해 각자가 속한 마을을 찾아낼 수 있는 방법이다.

모듈성 최대화 알고리듬

뉴먼은 이후 다른 방식도 제안했다. 바로 모듈도modularity라는 양을 정의하고 이 값을 가장 크게 하는 알고리듬이다. 물리학뿐 아니라 모든 과학 분야에서는 비교 대상 없이 '크다'라고만 이야기를 했다가는 동료 과학자에게 어김없이 지적을 받는다. 항상 '무엇'에 비해서 큰 것인지, 비교의 대상을 함께 이야기해야 한다. 뉴먼이 제안한 비교 대상은 바로 마구잡이로 링크가 아무 곳에나 연결된 마구잡이 연결망의 상황이다. 즉, 한 커뮤니티에 들어있는 두 노드를 고르고는 둘을 연결하는 링크가 존재한다면, 그 가능성이 마구잡이로 노드들을 연결할 때보다 더 큰지를 보자는 방법이다. 이 계산을 연결망의 모든 노드에 대해서 수행하면서 그 합을 구한 것이 바로 모듈도 M인데, M의 값이 가장 커지도록 노드의 소속을 바꿔가다 보면, 결국 연결망 안의 커뮤니티를 찾게 된다.

길 위의 발자국 수를 세는 거번-뉴먼 방법보다 모듈도를 이용한 방법이 더 좋은 점이 있다. 거번-뉴먼 방법에서는 커뮤니티의 개수를 알고리듬의 내부에서 정하기가 어려운데 비해 모듈도를 이용한 방법은 이 값이 최대가 되는 커뮤니티의 개수도 알고리듬의 내부에서 찾을 수 있다.

모듈도를 이용해 커뮤니티를 찾는 방법은 지금도 널리 이용되는 알고리듬이다. 우리 연구 그룹의 이대경 연구원이 〈그림 1〉의 자카리 가라테 클럽 연결망에 대해서 모듈도 최대화의 방법으로 커뮤니티 구조를 찾아 그린 〈그림 3〉을 보자. 가라테 클럽 연결망

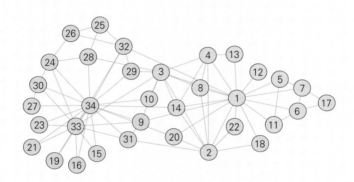

그림 3 〈그림 1〉의 자카리 가라테 클럽 연결망에서 모듈도 최대화의 방법
으로 찾은 두 개의 커뮤니티.

니티와도 가깝다. 마찬가지로 코제트는 마리우스와 같이 초록색 커뮤니티에 속하지만 주인공 장발장과도, 그리고 여관 주인 테나르디에 부부가 속한 커뮤니티와도 가깝다.

겹치는 커뮤니티를 찾는 방법

모듈도 최대화의 방법으로 커뮤니티를 찾을 때 연결망의 한 노드는 최종적으로 딱 하나의 커뮤니티에 속하게 된다. 실제 현실에서는 한 사람이 여러 커뮤니티에 동시에 속하는 상황이 오히려 더 자연스럽다. 페이스북 연결망을 생각하면, 나는 고향 친구 커뮤니티와 물리학자 커뮤니티에 동시에 속하지, 이 둘 중 하나에만 속하는 것은 아니다. 〈그림 4〉에서도 코제트는 장발장이 속한 커뮤니티, 연인 마리우스가 속한 커뮤니티, 그리고 여관 주인 테나르디에 부부 커뮤니티에 함께 속하는 것이 오히려 더 그럴듯하다.

이렇게 연결망의 노드 하나가 여러 커뮤니티에 속하는 것이 가능한 알고리듬도 여럿 개발돼 있다. 예를 들어 링크 클러스터링link clustering 방법은 노드가 아닌 링크를 그룹으로 나누는 재밌는 방법이다. 즉, 한 노드에 연결된 링크는 여럿이니, 노드가 속한 커뮤니티도 여럿이 가능한 그런 방법이다. 페이스북의 친구 관계를 보면 나와 다른 한 친구의 관계 속성은 상당히 명확할 때가 많다. 나는 여러 커뮤니티에 속할 수 있지만 나와 특정 친구의 관계는 딱 하나의 속성을 가질 때가 많다. 바로 이 아이디어를 이용한 것이 링크 클러스터링 방법이다.

〈그림 5〉는 우리 연구 그룹의 조우성 연구원이 그린 레미제라블 등장인물 연결망과 커뮤니티 구조이다. 덩이 굴리기[6]라고 부르는 방법을 이용해 그렸다. 링크 클러스터링 방법과 마찬가지로 한 노드가 한 개 이상의 커뮤니티에 속할 수 있다. 예를 들어 소설에서 테나르디에 부부의 자식인 가브로슈는 혁명 세력에도 속하는 것을 알 수 있는데, 〈그림 5〉에서도 가브로슈는 이 두 커뮤니티에 동시에 속하는 것이 보인다. 〈그림 5〉의 노드에 입혀진 색은 커뮤니티를 의미하는데, 두 개 이상의 커뮤니티에 속하는 경우에는 각 커뮤니티를 의미하는 색의 일종의 평균값을 노드에 입혀보았다.

이번 장에서는 페이스북과 같은 연결망 안에 존재하는 커뮤니티를 어떻게 찾을 수 있는지 소개했다. 연결망 안 커뮤니티 찾기는 하나의 세부 학문 분야라고 할 수 있을 정도로 활발히 연구되는 분야이기도 하다. 자세히 소개하지 못한 방법도 많다. 연결망을 구성하는 노드 하나하나에 동역학적인 변수를 배정하고, 연결망의 링크는 노드 사이의 상호 작용을 의미하도록 하는 방법도 있다. 이를 이용해 연결망 전체의 에너지를 적절히 정의하면, 통계물리학의 모형과 비슷해져서 전통적인 물리학의 방법을 바로 적용할 수 있다. 연결망 안의 가장 적절한 커뮤니티 구조를 파악하는 문제를 에너지의 바닥상태를 찾는 문제로 바꿔 해결하는 방식이다. 연결망 안의 사람들 사이에 좋아함/싫어함의 관계가 주어

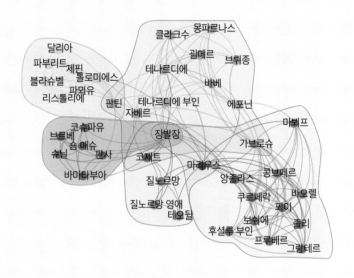

그림 5 《레미제라블》 등장인물의 연결망 안의 커뮤니티 구조. 한 노드가 한 개 이상의 커뮤니티에 속하는 것이 가능한 알고리듬으로 찾았다. 주인공 장발장은 동시에 여러 커뮤니티에 속하는 가장 중심적인 인물임을 보여준다. 실제 현실의 연결망에서도 이처럼 한 사람이 여러 커뮤니티에 속하는 것이 오히려 자연스럽다.

지면 이를 인력과 척력이라는 물리적인 상호 작용으로 볼 수 있다. 이런 정보가 주어진 연결망에서 커뮤니티를 찾는 연구를 우리 연구 그룹에서도 수행한 적이 있다.

＊　＊　＊

정치인들 사이의 다양한 관계를 연결망 형태로 만들 수 있다면 이런저런 흥미로운 분석을 해볼 수 있다. 연결망의 구조로부터 국회의원들의 정치적 성향 스펙트럼을 다차원적으로 파악할 수도 있지 않을까. 이 장에서 소개한 여러 방법을 이용해서 커뮤니티를 찾아볼 수도 있다. 커뮤니티 구조를 찾아보면 왼쪽인데 실제로는 오른쪽 클럽에 속한 〈그림 3〉의 9번 멤버처럼, 사실은 A 정당에 가까운데 현재는 B 정당에 속해있는 의원이 누군지 알면 재밌을 것 같다. "의원님, 왜 거기 계세요? 거기가 아닌 것 같은데요."

과학
상자

5

거시적인 패턴을 발견하는 법

키, 소득, 성씨의 확률 분포

저 멀리 보이는 아름다운 숲을 이해하고 싶은 과학자가 있다. 복잡계적 시각이 아니라 부분을 보는 환원론을 택한 과학자는 숲에 다가서면서 조금씩 더 작은 모습을 본다. 그리고 결국 나무를 하나 택해 그 나무를 속속들이 이해한다. 사실 나무 하나라도 제대로 이해하는 것은 정말 어려운 일이다. 그렇기 때문에 자연과학이 엄청나게 다양한 분과 학문과 세부 전공으로 분기한 것이다. 숲을 알고 싶어 대장정을 시작한 젊은 과학도는 수십 년이 지난 후 자신이 결국 나무 한 그루를 평생 처다보았다는 것을 깨닫는다. 후회할 필요는 없다. 나무 하나도 평생을 바칠 만큼 아름다우니까. 과학의 전 분야에서 이런 환원론적인 방법이 거둔 성과는 실로 엄청나다.

　복잡계 과학은 좀 다르다. 숲을 이해하고 싶다면 결국 나무부터 이해해야 한다는 전제에는 당연히 동의한다. 하지만 나무 한 그루의 모든 세부 정보를 전부 알고자 하는, 평생이 걸릴 어려운 과업은 미안하지만 다른 분야의 과학자들에게 맡긴다. 그 대신에 대강 이해한 나무 한 그루의 모습에서 출발해 나무 여럿이 함께 이루는 숲으로 시선을 다시 옮긴다. 전체를 보고 싶다면 부분은 흘깃 볼 수밖에 없기 때문이다. 현실과 정확히 같은 지도에서 우리는 아무것도 볼 수 없다. 보고자 하는 정보만을 요약해서 '대충' 그리는 지도가 숲 전체를 이해하기에는 더 유용할 수 있다.

　지금부터 할 얘기는 숲의 발견에 대한 것이다. 이 숲이 어떤 면에서 저 숲보다 더 신기한지에 대한 얘기다. 솔직히 말하자면, 모든 복잡계 과학의 연구자는 지금 눈앞에 보는 숲이 흥미롭다는 이야기만으로 연구를 멈추고 싶어 하지 않는다. 더 나아가 눈앞의 숲이 보여주는 흥미로운 거시적 특성이 어떻게 나무의 모임에서 만들어지는지에 대해 알고 싶어 한다. 아래에서 출발해 위로 향하는 방식으로 전체를 이해하고 싶어 한다. 이 장에서는 전체를 흘깃 보고 거시적 패턴을 발견하도록 돕는 도구를 소개하겠다.

전체를 흘깃 보는 막대그래프와 확률 분포

많은 나무가 모여 숲을 이루듯 많은 구성 요소는 서로 영향을 주고받으며 한데 모여 전체를 이룬다. 복잡계 과학을 연구하는 사람들은 전체가 보여주는 큰 규모의 '거시적 패턴'에 우선 관심을 둔다.

어떤 고등학교에 재학 중인 남학생 전체의 키가 궁금한 사람이 있다고 하자. 그럼 우리는 이 사람에게 학생 한 명 한 명의 키를 한 줄씩 죽 적은 문서를 만들어 보여줄 수 있다. 더 좋은 방법이 있다. 학생들의 키를 막대그래프로 그려 보여주는 것이다. 이렇게 막대그래프를 그리면 숫자를 나열하는 방식보다 더 쉽고 직관적으로 한눈에 학생들의 키에 대한 정보를 이해할 수 있다.

학생들의 키를 가지고 막대그래프를 그릴 때에는 169.5~

170.5cm 처럼 키 구간을 하나 택해서 그 구간에 들어가는 학생이 모두 몇 명인지를 표시해 막대의 높이로 그리면 된다. 또는 키가 특정 구간에 속하는 학생 수를 전체 학생 수로 나누어 그 구간에 들어가는 학생의 비율을 막대로 그릴 수도 있다. 두 번째 방법으로 그리는 경우의 막대그래프를 보통 '확률 분포'라고 부른다. 주사위를 던져 나오는 눈인 1, 2, 3, 4, 5, 6 각 경우의 확률을 모두 더하면 1이 되듯이, 이렇게 상대적인 빈도를 이용해 그린 막대의 높이를 모두 더하면 1이다.

막대그래프를 그릴 때 학생 수가 아니라 학생의 비율을 이용하면 좋은 점이 있다. 학생 수가 다른 두 학교 학생들의 키 분포를 쉽게 비교할 수 있다는 것이다. 키가 169.5~170.5cm인 학생의 수는 전체 학생 수가 다른 두 학교에서 차이가 크겠지만, 키가 이 구간에 속하는 학생 수의 비율은 두 학교에서 차이가 크지 않을 것이기 때문이다.

주사위와 달리 키에는 특별한 속성이 있다. 주사위를 던져 나오는 숫자는 1에서 6까지의 띄엄띄엄한 자연수라서 1.3과 같이 1과 2 사이의 값은 나올 수 없다. 하지만 사람의 키는 값이 연속적이다. 연속적으로 늘어선 값을 가지고 확률 분포를 그리면 막대의 높이가 구간을 얼마나 넓게 하는지에 따라 변한다. 키 구간의 폭을 1cm로 해서 그린 확률 분포는 키 구간의 폭을 2cm로 해서 그린 확률 분포와 모양이 다를 수밖에 없다. 키처럼 연속적인 값을 가지는 확률 변수는 막대의 높이를 구간의 폭으로 나누어

확률 밀도 함수

학생의 키는 연속적이지만 1cm의 간격으로 그 값을 반올림해서 표현한다고 해보자. 즉, 학생의 키가 만약 구간 [169.5, 170.5) 안에 있다면 170cm로, [170.5, 171.5)에 속하면 171cm로 어림하는 것이다.[1] 비록 실제의 학생 키는 연속적으로 분포하지만 이렇게 어림해 보면 학생의 키도 주사위를 던져서 나오는 눈처럼 띄엄띄엄한 값으로 표현된다. 구간의 폭을 1cm로 한 다음 $i(=1, 2, \cdots, N)$번째 구간에 해당하는 키 H_i를 가진 학생의 비율 $P(H_i)$를 막대의 높이로 해서 막대그래프를 그릴 수 있다. 이렇게 그린 확률 분포에서 모든 막대의 높이를 더하면 1이 된다 [즉, $\sum_{i=1}^{N} P(H_i)=1$].

만약 마음을 바꿔 구간의 폭을 1cm가 아니라 2cm로 해서 같은 방법으로 막대그래프를 그리면 어떻게 될까. 어림하기 전 원래의 키가 구간 [169.5, 170.5) 안에 들어있는 학생의 비율이 10%, 구간 [170.5, 171.5) 안에 들어있는 학생의 비율이 20% 였다고 해보자. 구간의 폭을 2cm로 늘리면 키가 구간 [169.5, 171.5) 안에 들어있는 학생의 비율은 이제 30%가 된다. 구간의 폭을 1cm로 해서 그렸을 때보다 이제 막대가 높아져 전체적으로 확연히 다른 모양이 된다.

구간의 폭을 변화시켜도 확률 분포의 모양이 많이 달라지지

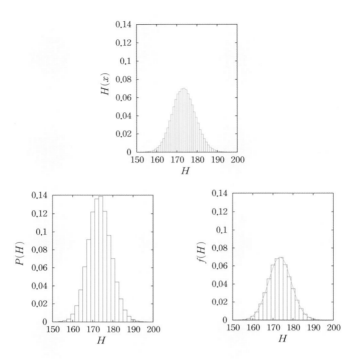

그림 1 우리나라 남자들의 징병 신체검사 자료로 그려본 키의 막대그래프.
(위쪽)키 구간의 폭을 1cm로 하고 가로축에 키 H, 세로축에는 각 키 구간
에 속한 사람 수의 비율 $P(H)$를 그린 그림. (아래에서 왼쪽)키 구간의 폭
이 2cm인 경우의 $P(H)$. 위쪽의 막대그래프에 비하면 막대의 높이가 높아
진다. (아래에서 오른쪽)키 구간의 폭을 2cm로 한 아래에서 왼쪽 그림에
서 세로축으로 사람 수의 비율을 구간의 폭으로 나누어(즉, 확률 밀도 함수
$f(H)=P(H)/\Delta H$) 그린 그림. 확률이 아닌 확률 밀도 함수로 그리면 구간
의 폭이 변해도 전체적인 모습은 많이 변하지 않는 것을 볼 수 있다(아래
에서 오른쪽과 맨 위쪽 그림을 비교할 것). 아래에서 오른쪽 그림에 막대
그래프와 함께 있는 곡선은 키의 평균 $\mu=173.4$cm와 표준 편차 $\sigma=5.75$cm
를 이용해 그린 정규 분포 확률 밀도 함수 $\frac{1}{\sqrt{2\pi}\sigma}e^{-(H-\mu)^2/2\sigma^2}$다. 맨 위쪽의 그
림은 구간의 폭이 $\Delta H=1$cm여서 $P(H)$를 그리나 $f(H)=P(H)/\Delta H$를 그
리나 단위만 다르지 그래프의 모양은 같다.

않도록 그리는 방법이 있다. 바로 막대의 높이로 $P(H_i)$가 아닌 $P(H_i)$를 구간의 폭 ΔH으로 나눈 값을 이용해 $f(H_i)=P(H_i)/\Delta H$를 대신 그리는 것이다. 위의 예에서 $0.3(=30\%)$이 아니라 $0.3/2cm=0.15/cm$를 세로축에 표시하는 방법이다. 이 방법을 일괄적으로 적용하면 폭이 1cm인 경우, 구간 $[169.5, 170.5)$에 있던 높이 $0.1/cm$의 막대와 구간 $[170.5, 171.5)$에 있던 높이 $0.2/cm$인 두 막대는 폭을 2cm로 바꿀 때 하나로 합해진 구간 $[169.5, 171.5)$에서 높이 $0.15/cm$인 막대 하나로 바뀐다. 두 막대가 한 막대로 합해지면서 막대의 높이가 처음 두 막대 높이의 평균값이 되는 것이다. 이렇게 얻어지는 함수 $f(H)$를 확률 밀도 함수라고 부른다. 구간의 폭 ΔH를 0으로 점점 줄여 가면 부드러운 연속적인 곡선으로 수렴하게 된다. 확률 밀도 함수 $f(H)$는 확률이 아니다. 확률 밀도 함수를 적분해야 확률을 얻게 된다. 예를 들어 $\int_{170cm}^{180cm} f(H)dH$를 계산하면 학생의 키가 170cm와 180cm 사이에 있을 확률이 된다.

표시하는 방식이 더 좋다. 구간의 폭을 0으로 점점 줄여 가면 막대 그래프의 모양이 부드러운 곡선 모양으로 예쁘게 수렴한다. 이렇게 얻는 함수를 '확률 밀도 함수'라고 부른다.

키와 소득의 확률 분포가 다르다고?

요즘 청소년들이 내 나이 또래의 아저씨들보다 키가 큰 것은 경제 성장과 함께 식생활이 변화한 것 같은 환경 요인 때문이지만, 그래도 여전히 북유럽의 청소년보다 키가 작은 현상은 아마도 유전적인 요인일 것이다. 사람의 키는 유전과 환경에 의해 복합적으로 결정된다. 따라서 키에 영향을 미치는 요인과 이 요인들이 상호 작용한 결과를 정량적으로 정확하게 이해하는 일은 불가능에 가깝다. 그런데 다양한 요소가 키에 영향을 미치는 가운데 이런 요소 중 상당수가 서로 독립적이라는 것은 그럴듯한 가정이다. 통계학뿐 아니라 물리학에서도 아주 중요한 역할을 하는 중심 극한 정리를 생각하면 이런 경우 키의 확률 분포는 깨끗한 종 모양의 정규 분포normal distribution와 크게 다르지 않다고 짐작할 수 있다.

우리나라 남성이 적어도 일생에 한 번은 거치는 징병 신체 검사의 통계 결과가 공개되어 있어서 이를 이용해 확률 분포를 그려보면 예상한 대로 거의 완벽한 정규 분포로 나온다. 확률 밀도 함수가 정규 분포를 따르는 경우 가운데에 봉긋 솟은 봉우리에서 왼쪽이나 오른쪽으로 점점 멀어지면 함수값이 아주 급격하게 줄어든다는 점이 중요하다. 평균이 μ, 표준 편차가 σ인 정규 분포를 따르는 확률 밀도 함수는 확률 변수 x가 평균에서 벗어난 정도가 표준 편차의 z배 $[z=(x-\mu)/\sigma]$일 때 $e^{-z^2/2}$에 비례해 줄어든다. 엄청나게 빨리 줄어드는 꼴이다.

〈그림 1〉의 우리나라 징병 검사 데이터로 구한 키의 평균은 $\mu = 173.4$cm이고, 표준 편차는 $\sigma = 5.75$cm이다. 정확히 정규 분포를 따른다고 가정하고 우리나라 남자 중 키가 평균의 두 배인 347cm인 사람이 존재할 확률을 구해보면 평균 키를 가진 사람을 발견할 확률의 거의 10^{-200}배 정도에 불과하다는 사실을 알 수 있다. 즉, 그런 사람은 아무리 우리나라 역사가 오래 지속된다고 해도 결코 찾을 수 없다는 뜻이다. 평균 키보다 두 배 큰 사람은 인류라는 종의 역사상 단 한 명도 없었고 앞으로도 인류가 멸종할 때까지 나올 수 없다.[2]

세상에서 우리가 만나는 확률 분포가 정규 분포만 있는 것은 아니다. 사람들의 키처럼 제각각 다르긴 해도 그 차이가 별로 크지 않은 사례도 있지만 사람마다 차이가 상당히 큰 사례도 있다.

예를 들어보자. 2016년 우리나라의 한 국회의원이 발의한 '살찐 고양이법'이라는 법안은 민간 기업 임직원의 최고 임금을 법정 최저 임금의 30배로 제한하자는 내용이다. 이런 법안이 발의되는 이유는 현재 임직원의 최고 임금이 법정 최저 임금의 30배를 훌쩍 넘는 경우가 있기 때문이다. 키의 경우 평균보다 30배는 고사하고 딱 2배만 더 큰 사람도 결코 존재할 수 없다는 사실에 비하면 소득은 사람마다 정말 차이가 크게 난다.

2006년 한 신문사는 건강 보험 자료를 이용해 직장인 955만 명의 연소득을 분석한 기사를 냈다. 기사에는 소득 구간별 인원이 몇 명인지를 보여주는 표도 포함되었는데, 자료에 의하면 당시 연소득이 900만 원에 미치지 못하는 사람은 약 9% 정도였고, 6억 원보다 더 많은 연소득을 가진 사람은 1584명이어서 0.017%에 불과했다. 자료를 이용해 2006년 우리나라 사람들의 연소득 확률 분포를 그려보면 키의 확률 분포와는 확연히 다르다

먼저 사람들의 키 분포는 가운데에 확률 분포의 봉우리가 있어서 키가 작은 쪽에서부터 보면 높아졌다가 낮아지는 모습이지만, 연소득은 사람들이 소득이 적은 쪽에 많이 분포해서 소득이 적은 쪽에서 많은 쪽으로 갈수록 꾸준히 줄어들기만 하는 모양이다.

키의 분포와 확연히 다른 점 또 하나는 확률 분포에 있는 꼬리 부분의 모양이다. 키는 정규 분포를 따라 키가 큰 오른쪽 부분에 있는 확률 분포의 꼬리가 아주 빨리 줄어드는 모습이다. 위에서 함께 계산해본 것처럼 키가 평균의 2배인 사람이 존재할 확률이 아주 적어서 그렇다. 그러나 소득의 분포는 이와 달리 꼬리 부분이 상당히 두텁다. 자료를 가지고 구한 평균 소득은 2600만 원 정도다. 평균 소득의 두 배인 5200만 원의 연소득을 가진 사람은 아주 많고, 심지어 평균 소득의 20배를 버는 사람도 있다. 이처럼 소득의 확률 분포는 길고도 두터운 꼬리를 나타낸다.

2006년 당시 시간당 최저 임금인 3100원에 월 근로시간 209시간을 곱하고 다시 12개월을 곱하면 2006년의 연 최저 임금은 800만 원에 조금 못 미치는 금액이다. 2006년 자료를 바탕으로 '살찐 고양이법'에 영향을 받아 소득이 제한될 것으로 예상되는 사람들

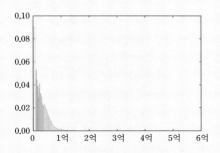

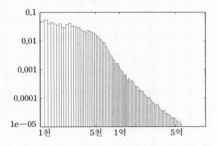

그림 2 2006년 신문에 보도된 연소득의 확률 분포. (위쪽)가운데가 봉긋한 키의 확률 분포와는 달리 소득이 적은 쪽에서 큰 쪽으로 늘어날수록 막대의 높이는 꾸준히 줄어드는 모양이다. 6억 가까운 소득을 가진 사람도 있지만 그 비율이 매우 작아서 그림에는 잘 보이지 않는다. 이처럼 확률 분포가 아주 긴 꼬리를 가지는 모습일 때는 아래쪽 그림처럼 같은 자료를 가지고 가로축, 세로축을 모두 로그의 축척으로 그리는 것이 편하다. 이렇게 그리면 아주 긴 꼬리도 쉽게 눈으로 볼 수 있다.

(즉, 당시 법정 연 최저소득인 800만 원의 30배인 2억 4천만 원 이상)이 얼마나 되는지를 살펴보니 1만 명으로 전체의 0.1% 정도였다. 이 사람들의 소득을 2억 4천만 원으로 제한하면, 2006년 기준으로 최소한 1조 4천억 정도 이상의 재원이 생겨 기업의 설비 투자나 고용 확대, 혹은 정부의 세원으로 이용할 수도 있다.

2016년에는 시간당 최저 임금이 6000원을 넘어섰다. 10년 만에 2006년에 비해 거의 두 배가 되었으니 '살찐 고양이법'이 통과되더라도 이 법의 영향을 받으려면 연 소득이 약 4억 5천만 원을 넘어서야 한다. 이 기간 동안 우리나라의 경제 규모는 두 배 안 되게 성장했으니 이 법에 의해 소득을 제한받는 사람은 0.1%보다도 적을 것이다. 그러니 대부분의 국민은 이 법이 통과되더라도 소득이 줄어들 이유가 없다. 어쨌든 한 국회의원이 발의한 '살찐 고양이법'이 어떤 영향을 줄지를 예측하려면 우리나라 사람 전체의 소득 분포를 거시적으로 이해하는 작업을 먼저 해야 한다. 이런 문제에서도 나무가 아니라 숲을 이해하는 것이 중요하다.

우리나라 성씨의 확률 분포는 어떤 모습일까[3]

다음에는 주제를 바꿔 우리나라 성씨 이야기를 해보자. 누구나 알듯이 우리나라에는 김, 이, 박 씨가 정말 많다. 그런데 키나 소득은 한 사람 한 사람이 가지는 연속적인 숫자이지만 성씨는 사람마다 제각기 다르다. 따라서 성씨를 연구할 때는 사람이 아니라 성씨 하나하나를 개체로 생각하는 방식이 편리하다. 앞에서는 한 사람 한 사람 키의 정보를 모두 모아 키의 확률 분포를 그렸다면, 이제 제각각의 성씨를 가진 사람이 모두 몇 명인지를 토대로 성씨 크기의 확률 분포를 그리면 된다. 이렇게 구한 확률 분포 그래프에서 가로축은 성씨 집단의 크기이고, 세로축은 집단 크기의 확률이다.

성씨가 상당히 많은 다른 나라라면 모를까 2000년 통계청 조사에 따르면 우리나라에서는 성씨가 300개 정도에 불과해서 확률 분포를 그려서 그 의미를 파악하기가 쉽지 않다. 확률 분포를 정확하게 얻으려면 일단 자료가 많아야 하는데, 300개에 불과한 성씨를 모아서 성씨 크기의 확률 분포를 막대그래프 모양으로 깨끗하게 그리기가 어렵다. 이럴 때는 확률 분포가 아닌 누적 확률 분포cumulative probability distribution를 그리는 것이 도움이 된다.

이는 가로축에는 성씨를 가진 사람의 수(n)를, 세로축에는 성씨 집단의 크기가 n보다 더 큰 성씨가 모두 몇 개가 있는지 그 비율을 표시하는 것이다. 누적 확률 분포 $P_{cum}(n)$는 앞에서 논의한 확률 밀도 함수 $f(n)$를 이용해 적분의 꼴로 쉽게 표시할 수 있어서 $P_{cum}(n) = \int_n^\infty f(n')dn'$이다. 성씨 집단의 크기가 n보다 클 확률을 모두 더하면 되기 때문이다. 이 식을 n으로 미분하면 $f(n) = -\dfrac{d}{dn}P_{cum}(n)$이 되므로 누적 확률 분포로부터 확률 밀도 함수도 얻을 수 있다.

우리나라 성씨에 대해서 누적 확률 분포를 구하면 상당히 넓은 영역에 걸쳐서 로그 함수의 꼴로 줄어드는 모습을 볼 수 있다. $P_{cum}(n) \sim -\log n$이므로 이로부터 성씨 크기의 확률 밀도 함수는 $f(n) \sim \frac{1}{n}$의 꼴로 추정할 수 있다.

연구자들이 관심을 두는 다른 양도 있다. 김, 이, 박…의 순서로 큰 성씨부터 1등, 2등, 3등으로 순위를 매기고는 각 순위에 있는 성씨 집단의 규모 혹은 빈도를 그리는 것이다. 순위가 r인 성씨인 사람의 수를 $n(r)$로 적으면, $n(r)$은 위에서 설명한 누적 확률 분포 $P_{cum}(n)$과 서로 역함수 관계에 있다는 점을 어렵지 않게 보일 수 있다. 따라서 성씨 크기의 누적 확률 분포가 로그 함수의 꼴을 따라 줄어드는 우리나라에서는 순위-빈도 그래프는 그 역함수인 지수 함수의 꼴로 줄어든다. 즉, 우리나라 성씨를 크기 순서로 김, 이, 박, 최, 정…의 순서로 한 줄로 늘어놓으면 상위에서 시작해 조금만 하위로 내려가도 그 성씨를 가진 사람의 수가 아주 빨리 감소한다는 얘기다.[4] 그렇기에 우리나라에서 몇 개 안 되는 상위 거대 성씨가 인구의 대부분을 차지한다는 사실도 바로 순위-빈도 그래프가 지수 함수의 꼴이라는 점에서 혹은 성씨 규모의 누적 확률 분포 함수가 로그 함수의 꼴이라는 점에서 설명할 수 있다.

이와 연관된 재밌는 예측도 있다. 우리나라에서 임의로 사람을 N명을 뽑아서 그 집단 안에서 발견되는 성씨가 도대체 몇 개가 되는지도 위에서 설명한 함수를 이용해 알 수 있는 것이다. 계

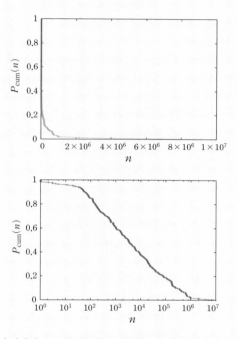

그림 3 우리나라 2000년 인구 총 조사 자료를 이용한 성씨 크기의 누적 확률 분포. (위쪽)우리나라의 김, 이, 박, 최, 정의 다섯 거대 성씨는 각각 200만 명 이상의 구성원을 가진다. 이처럼 규모가 큰 성씨는 몇 개 없고, 대부분의 성씨는 규모가 작기 때문에 누적 확률 분포는 세로축에 거의 딱 붙어 있을 정도로 n이 작은 영역에서 급격히 감소한다. 이처럼 가로축의 0에 가까운 부분에서는 급격히 변하고 가로축에서 멀어지면 거의 변화가 없는 자료는 가로축을 로그의 축척으로 바꿔 그리는 것이 편리하다. (아래쪽)위쪽 그림과 정확히 같은 누적 확률 분포를 가로축만을 로그의 축척으로 바꿔 그린 그림이다. 10^2부터 10^6사이의 넓은 영역에 걸쳐서 거의 직선의 꼴로 그래프가 줄어드는 모양을 보여준다. 즉, 우리나라 성씨 규모의 누적 확률 분포는 로그 함수의 꼴로 줄어든다는 뜻이다.

산해보면 이것 역시 로그 함수의 꼴이다. 우리나라에서는 집단의 크기가 늘어나도 그 안에서 발견되는 서로 다른 성씨의 수는 아주 느리게 로그 함수의 꼴로 증가한다는 말이다.

나와 독자가 함께 살아가는 우리 사회에서 쉽게 접할 수 있는 몇 가지 자료를 이용해서 우리 사회의 거시적 패턴을 보는 도구로서의 확률 분포에 대한 이야기를 해보았다. 사람들의 키는 꼬리가 짧은 확률 분포를 보여서 키가 2배인 사람은 결코 존재할 수 없는데 비해, 사람들의 소득 분포는 엄청나게 두텁고 긴 꼬리를 가져서 평균 소득의 수십 배, 수백 배의 소득을 버는 사람도 있을 수 있다. 또한 우리나라 사람들의 성씨 분포가 특별한 점을 설명하면서 누적 확률 분포와 순위-빈도 그래프를 통해 상위 성씨 몇 개는 구성원이 정말 많고 하위 성씨들은 구성원이 아주 적은 희귀 성씨라는 점을 설명했다.

＊ ＊ ＊

복잡계 과학의 연구자는 위의 문장들에 등장하는 짧고 두터운 꼬리, 상위로의 엄청난 쏠림 현상과 같은 얘기를 더 정확히 표현하고자 확률 분포에 등장하는 다양한 함수의 꼴을 이야기하는 방식을 더 좋아한다. 키 분포는 정규 분포를 따르고, 사람들의 소득은 멱함수 꼴의 확률 분포를 따른다. 한편 우리나라 사람들 성씨의 순위-빈도 그래프는 지수 함수의 꼴로 줄어든다. 지금까지 얘기한 내용이 너무 어렵지는 않았는지 좀 걱정이다. 과학책에 등장하는 수식의 개수가 늘어날수록 책의 판매량이 줄어든다는 얘기가 출판계에 있다. 하지만 책에 나오는 수식이 100개에서 101개로 늘어난다고 해서 독자가 많이 줄 것 같지는 않다. 수식의 개수가 아주 많아질 때 판매량의 감소는 로그 함수를 따라 천천히 줄어들지 않을까? 수식이 많이 담긴 책을 낼 때에는 굳이 수식을 몇 개 더 줄이려고 노력할 필요는 없을 것 같다. 많이 넣기로 했으면 왕창 넣자. 수식이 두려운 독자가 이 책을 사지는 않았을 테니 말이다.

과학
상자

6

몇 가지 규칙으로
전체를 만들어내는 법

미분 방정식과 행위자 기반 모형으로 전체 그리기

건축가가 설계한 50층짜리 빌딩이 저 멀리 보인다. 빌딩의 입구 바로 앞에서 고개를 들어 위를 쳐다보면 건물의 전체 모습을 한눈에 볼 수 없다. 큰 것은 일단 멀리서 볼 일이다. 대부분의 복잡계가 그렇다. 많은 수의 구성 요소가 상호 작용하며 만들어내는 거시적인 규모의 현상은 멀리서 봐야 더 잘 보인다. 5장이 바로 멀리서 복잡계를 보는 도구인 '확률 분포'에 대한 이야기였다. 지난 장에서 멀리서 숲을 볼 때 어떤 눈으로 봐야 하는지 살펴봤다면, 이 장은 멀리서 본 숲의 모습을 만들어내는 나무에 대한 이야기다. 멀리서 본 50층짜리 빌딩의 모습을 결정하는 벽돌처럼 작은 구성 요소에서 어떻게 전체가 만들어질 수 있는지 알아보자.

　높은 빌딩을 만드는 방법은 여러 가지다. 벽돌을 하나하나 쌓아 빌딩을 올릴 수 있고, 아니면 벽돌보다 훨씬 큰 몇 가지 건축 모듈을 미리 만들어 놓고 이것들을 여러 방법으로 조합하며 쌓을 수도 있다. 물론 벽돌보다 더 작은 규모로 내려가 모래알 하나하나를 서로 연결해 붙여 만들 수도 있다. 다른 극단적인 방법도 있다. 모든 사물은 결국 원자로 이루어졌다는 사실은 이제 누구나 아는 상식이니 원자를 하나하나 쌓아 올려 50층짜리 빌딩을 만드는 것도 원리적으로는 가능한 일이다. 어쩌면 미래에는 정말로 원자로 시작해 건물을 짓는 것이 가능할지도 모르겠다. 하지만 가능할 수는 있어도 어느 누구도 이렇게 빌딩을 건축하지는 않을 것이다. 정말 비효율적인 방법이니 말이다.

복잡계가 보여주는 거시적인 현상을 미시적인 작동 방식에서 출발해 이해하려는 시도는 높고도 아름다운 빌딩을 만드는 건축가의 설계와 닮았다. 원자에서부터 빌딩을 만들려는 사람은 없듯이, 우리 사회에서 벌어지는 거시적인 복잡계 현상을 이해하려고 한 사람 한 사람을 구성하는 원자들의 파동 방정식을 적는 일에서 시작하는 사람은 아무도 없다.[1]

게다가 3장에서 말했듯이 복잡계 연구자들은 빌딩의 전체적인 구조적 아름다움에 주로 관심이 있는 사람과 닮아서 멀리서 본 모습이 비슷하다면 건물을 구성하는 미시적인 요소들이 무엇인지는 크게 중요하지 않다고 주장한다. 통계물리학자들은 이러한 보편성 개념에 익숙하다. 거시적인 물리 현상의 질적인 특성을 알려고 할 때 미시적인 세상을 기술하는 모형의 작은 차이는 별로 중요

하지 않다. 통계물리학자의 입장에서 교통 정체의 거시적 패턴을 이해하고자 할 때, 각 자동차의 배기량 차이나 운전자의 옷 색깔 같은 구체적 정보를 무시할 수 있다는 것은 별로 놀라운 일이 아니다.

모래알을 붙여 짓든 벽돌을 이어 짓든 빌딩의 전체적 모습은 같아 보이게 만들 수 있다. 마찬가지로 같은 복잡계 현상이라 해도 그 현상을 설명하는 모형은 여럿이 가능하다. 구성 요소도 다양하며 이들을 서로 연결하는 방식도 다양하다는 말이다. 그렇다면 복잡계 현상을 설명하는 모형에는 어떤 것이 있을까. 이제 복잡계라는 빌딩을 구성하는 모래알과 벽돌과 같은 모형의 구성 요소와 이들을 연결하는 기술 방법에는 어떤 것들이 있는지 살펴보자. 복잡계를 설명하는 모형이 수학적으로 깔끔하게 해석적 해를 갖는 경우는 많지 않기 때문에 다음에 이어질 내용에는 컴퓨터를 이용한 계산 방법을 주로 소개하겠다.[2]

연속적인 미분 방정식으로 전체를 그리기

물리학에서 자연 현상을 기술하기 위해 사용하는 법칙은 하나같이 방정식이다. 고전역학에 등장하는 유명한 뉴턴의 운동 방정식, 전자기학의 맥스웰 방정식, 양자역학의 슈뢰딩거 방정식, 그리고 일반 상대론의 아인슈타인 방정식이 바로 그렇다.

이러한 물리학의 기본 방정식은 수학적으로는 미분이 들어있는 미분 방정식의 꼴인데 이는 물리학의 기본 법칙이 시간과 공간의 연속성에 기반하기 때문이다. 오늘 아침에서 시작해 내일 아침으로 시간이 흐르려면 그 사이에 있는 모든 시간을 지나야 하고, 집에서 나와 학교에 간다면 학교와 집을 연결하는 공간의 점들을 연속적으로 지나야 한다.

원칙적으로는 '지금 여기'에서 벌어진 현상에서 '내일 저기'에서 벌어질 현상을 예측하려면 끊임없이 이어진 연속적인 시간과 연속적인 공간을 무한히 작은 간격으로 미분하고, 이를 다시 이어 붙이는 적분의 과정을 거쳐야 한다. 말은 쉬워도 심각한 문제

예를 들어 물체의 속도는 위치의 미분이라서 $v(t)=dx/dt$ 로 적는다. 미분 dx/dt는 시간이 t에서 $t+h$로 h만큼 변했을 때 위치의 변화 $x(t+h)-x(t)$를 시간의 변화 h로 나눈 다음에 h를 0으로 보내는 극한을 택해 구한다. 즉, 속도는 $v(t)=\lim\limits_{h\to 0}$ $\dfrac{x(t+h)-x(t)}{h}$ 이다. 컴퓨터를 이용해 $v(t)$가 주어져 있을 때 $x(t)$를 얻는 적분의 과정은 바로 이 식을 이용한다. 충분히 작은 h를 이용해서 $x(t+h)\approx x(t)+hv(t)$의 꼴로 위의 식을 바꿔 적는 것이다. 식에 등장한 두 줄의 물결 모양 기호는 수식의 왼쪽과 오른쪽이 정확히 같은 것이 아니라 근사적으로 비슷하다는 뜻이다. 이 식에서 h를 줄이고 줄여 0의 값에 점점 수렴시키면 물결 무늬가 아닌 등호로 바꿔 적을 수 있다.

이제 과학자들이 어떻게 컴퓨터를 이용해서 미분 방정식을 수치 적분하는지 이해할 수 있다. 주어진 현재의 위치 $x(t)$와 현재의 속도 $v(t)$로부터 잠시 뒤인 시간 $t+h$에서의 위치를 식 $x(t+h)\approx x(t)+hv(t)$을 이용해 근사적으로 구하는 과정을 계속 반복하면 된다. 식에서 시간 간격 h가 작을수록 점점 더 정확한 미래의 값을 얻을 수 있다는 점이 중요하다.

하지만 정확한 미래를 알려면 치러야 할 대가가 있다. 작은 시간 간격으로 조금씩 정확히 나아가려면 계산을 여러 번 반복해야 한다. 1km를 가려면 보폭이 큰 사람에 비해 보폭이 작은 사람은 발걸음을 여러 번 옮겨야 하는 것과 같다. 사실 미래를 정확히 알려면 보폭이 0으로 수렴해야 한다. 0의 보폭으로 무한히 발걸음을 옮겨야만 정확하다. 물론 실제로 컴퓨터로 수치 적분할 때는 무시할 정도의 오차만 생기는 적당히 작은 시간 간격을 이용한다. h가 작을수록 나아지는 계산의 정확도와 h가 클수록 빨라지는 계산의 속도를 동시에 달성할 수는 없으니, 적당한 정도의 정확도와 적당한 정도의 계산 속도에서 만족할 수밖에 없다. 위에서 설명한 방법보다 더 개선된 수치 적분 방법도 있지만 정확도와 계산 속도 사이에서 적절한 균형을 찾는 문제는 컴퓨터를 이용하는 계산에서 항상 발생하는 영원한 숙제다.

가 있는데 바로 미분은 쉬워도 적분은 아주 어렵다는 점이다.[3] 하지만 주어진 함수의 적분 함수가 무엇인지 몰라 답을 수식으로 적지는 못해도 적분을 하는 다른 일반적인 방법이 있다. 바로 컴퓨터를 이용한 수치 적분이다. 컴퓨터라고 해도 결국 계산의 한계가 있으니 미분 방정식을 수치 적분해 정확한 결과를 얻는 것은 아무리 빠른 컴퓨터라도 여전히 쉽지 않은 일이다.

복잡계 현상의 어떤 것은 미분 방정식의 꼴로 모형화한다. 태양 주위를 도는 지구의 움직임 같은 물리 현상에서 태양과 지구를 각각 한 점으로 해 미분 방정식을 적고 컴퓨터로 수치 적분하는 것은 그리 어렵지 않다. 미분 방정식에 들어있는 변수의 개수가 얼마 안 되기 때문이다. 하지만 복잡계는 다르다. 복잡계란 바로, 많은 구성 요소가 서로 상호 작용을 하고 있는 시스템이므로 변수의 개수가 대개는 엄청나게 많아 수치 적분을 하기 위해 대용량의 고속 컴퓨터가 필요해진다.

연속적인 미분 방정식 꼴이라는 도구를 이용한 다양한 복잡계 연구가 있지만 그중 내게 인상적이었던 연구를 하나 소개하겠다. 취리히 연방공과대학교ETH Züich의 디르크 헬빙Dirk Helbing은 재난 상황에서 일어나는 사람들의 행동을 분석했다.

사람들이 밀폐된 공간 안에서 닥친 재난 때문에 집단적인 공황 상태에 빠져 우루루 몰려 탈출하려다 큰 인명 피해가 발생하고는 한다. 현실에서 사람들은 다른 사람들과 너무 가까운 거리에 있는 것을 싫어하는 경향이 있는데, 논문에서는 이를 미는 힘(척력)의 형태로 적었다. 또한 다른 사람들 사이를 뚫고 가려면 그 움직임을 방해하는 방향으로의 힘이 작용하는데, 이는 또 물리학의 마찰력으로 기술했다. 마찬가지로 사람들이 있는 공간을 둘러싼 벽도 사람에게 힘을 작용한다. 연구에서는 이 모든 힘을 넣어 사람들의 움직임을 기술하는 뉴턴의 운동 방정식을 적고 이 미분 방정식을 컴퓨터를 이용한 수치 적분으로 풀었다.

주의해야 할 점이 있다. 헬빙이 적은 미분 방정식의 수학적 형태는 입자의 운동을 기술하는 뉴턴의 운동 방정식과 정확히 같지만, 방정식에 등장하는 변수는 사람 한 명 한 명의 위치를 기술하지 그 사람을 구성하는 입자들의 위치를 기술하는 것이 아니다. 즉, 공간 안에 놓인 사람들을 구성하는 원자들이 아니라 사람 한 명의 위치를 하나의 위치 벡터를 이용해 기술한 것이다. 헬빙의 모형에서 사람은 허리도 다리도 없고 위에서 본 모습은 좌우와 앞뒤가 구별되지 않는 원 모양이다. 실제로 이런 이상한 모습의 사람은 없지만 이처럼 사람을 단순하게 기술하면 많은 사람이 만드는 거시적인 패턴을 좀더 쉽게 이해할 수 있다는 점이 중요하다. 큰 빌딩을 멀리서 제대로 보려면 부분은 대충 보는 방법이 필요하다.

헬빙이 연구를 통해 내린 결론은 매우 흥미롭다. 사람들이 좁은 복도로 탈출하려고 재빨리 이동할 때 중간에 넓은 영역이 있으면 오히려 탈출에 방해가 된다. 그리고 탈출구의 위치를 아는 사람들이 소수 존재하면 집단 전체의 탈출이 빨라진다.

이런 방식으로 연구할 때 얻을 수 있는 이점은 정말 많다. 아무리 연구의 의도가 좋더라도 실제로 사람들을 좁은 공간에 몰아넣고 연기를 피우면서 어떻게 탈출하는지를 직접 실험할 수는 없지 않은가. 전체를 구성하는 부분에 특정한 규칙을 주고 전체의 모습이 어떻게 변화하는지 볼 수 있도록 모형을 만드는 방식이 최선이다. 게다가 이런 모형이 현실과 완전히 동떨어진 것도 아니다. 헬빙의 이 연구는 확장되어 커다란 스포츠 경기장의 탈출구와 탈출 통로를 설계할 때 이용되고 있다. 헬빙 교수가 현재 소속되어 있는 과는 흥미롭게도 취리히 연방공과대학의 인문, 사회, 정치학과department of humanities, social and political sciences다. 그리고 이끌고 있는 그룹은 계산사회과학computational social science을 연구한다고 되어 있다. 물리학을 전공한 사람이 우리나라로 치면 인문사회학부의 교수인 것도, 그리고 인문사회학부에서 그가 이끄는 연구 그룹의 이름이 '계산사회과학'인 것도 흥미롭다. 우리나라에서도 이런 학문 간 융합이 활발하게 진행되기를 희망한다. 복잡계는 여러 학문의 융합 연구가 필요한 분야이다.

세포처럼 스스로 움직이는
행위자 기반 모형으로 전체를 그리기

'세포 자동자cellular automata'라 부르는 연구 방법도 있다. 세포라고 적기는 했지만 생명체를 구성하는 세포가 아니다. 생물체의 세포처럼 규칙적으로 반복하며 전체 모양을 만들어 내는 작은 조각을 떠올리면 된다. 많은 사람이 수용된 커다란 교도소의 작은 방들 하나하나를 영어로는 셀cell이라 하는 것을 기억해도 되겠다. 고체물리학자들은 바둑판 위의 작은 정사각형처럼 격자 구조를 만들어내는 작은 단위를 셀이라 부르기도 한다.

자동자automata는 외부의 간섭이나 도움 없이 스스로 움직이는 개체를 뜻한다. 말이 끌지 않아도 스스로 움직이는 탈것을 우리가 자동차라고 할 때의 바로 그 '자동'이다. 결국 세포 자동자는 격자 구조 위에 놓여 주어진 규칙에 따라 스스로 행동하는 개체들이다.

세포 자동자 방법은 1940년대에 존 폰 노이만이 시작했다고 알려졌지만 사람들의 관심을 크게 끌게 된 계기가 된 것은 1970년대 수학자 존 콘웨이가 제안한 생명 게임Game of Life이다.

　생명 게임에서 각 격자점에 놓인 개체는 몇 개의 단순한 행동 규칙을 따른다. 한 개체는 주변에 이웃의 수가 너무 적거나 혹은 너무 많으면 죽는다. 생명체가 살아가려면 이웃과 함께 집단을 이루는 것이 유리하지만, 너무 밀도가 높으면 살기 어렵다는 상황을 떠올리면 되겠다. 이웃의 수가 적당하면 이제 이 개체는 주변에 자손을 남긴다. 이처럼 단순한 규칙이지만 생명 게임에서 만들어지는 패턴의 다양함을 본 많은 과학자는 크게 놀랐다. 한 장소에서 다른 장소로 일군의 개체가 무리를 만들어 이동하는 모습이 보이기도 하고, 엄청난 규모의 큰 패턴이 주기적으로 흥망성쇠를 반복하기도 한다.

　최근 복잡계 연구 분야에서는 '행위자 기반 모형Agent-Based Model, ABM'이라는 도구를 많이 이용한다. 이름은 다르지만, 사실 자연 과학 분야에서 세포 자동자라 불렀던 것과 같은 것으로 생각해도 된다. 둘 모두, 복잡한 거시 현상을 만들어내는 개체들의 행동에 대해 미분 방정식과 같은 수식의 형태가 아닌, 글로 적을 수 있는 몇몇 규칙으로 모형을 기술하는 방법을 택한다.

　예를 들어보자. 앞에서 헬빙의 공황 상태에 빠진 보행자 모형을 설명했는데, 비슷한 행동을 ABM으로 기술하는 방식도 가능하다. 헬빙은 사람들이 다른 사람과 거리가 가까워지는 것을 피하

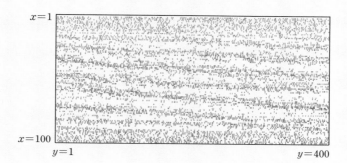

$x=1$

$x=100$

$y=1$

$y=400$

그림 1 오른쪽에서 왼쪽으로 걷는 보행자(녹색)와 왼쪽에서 오른쪽으로 걷는 보행자(붉은색)가 통행하고 있는 상황. 반대편에서 오는 사람과 마주치는 상황이 생기면 사람들이 자신의 오른쪽으로 피하게 되어 이런 모습의 통행 패턴이 만들어진다. 같은 방향으로 앞서 걷는 사람의 등을 보며 따라 걷는 모습의 여러 개의 길이 보인다.

는 심리적인 경향을 물리학의 미는 힘으로 적어 미분 방정식을 구성하는 요소로 넣었다. ABM에서는 "현재 위치에서 한 걸음 앞으로 걸었다고 가정하자. 만약 그로 인해 앞 사람과 거리가 너무 가까워진다면 그 한 걸음을 내딛지 않는다"와 같은 규칙을 적어 컴퓨터 프로그램으로 구현하면 된다. 나도 ABM을 통해 보행자의 움직임을 살펴본 적이 있다. 내 연구의 관심은 넓은 통로의 양쪽에서 사람들이 반대쪽으로 걷는 상황에서 우측 통행과 같은 보행 규칙이 통행 흐름에 어떤 영향을 주는지에 대한 것이었다. 보행 규칙을 따르지 않는 소수의 존재로 통행 흐름이 오히려 좋아질 수도 있다는 결과가 언론을 비롯한 많은 사람의 관심을 끌기도 했다.

ABM을 이용한 연구 중 2005년 노벨 경제학상을 수상한 토머스 셸링Thomas Shelling의 흑백 거주지 분리 모형이 특히 유명하다. 자신의 이웃 중에 다른 인종의 사람이 많아지면 타 인종에 대한 차별 의식이 거의 없는 사람이라도 약간의 불편함을 느낄 수 있다. 연구는 이런 약간의 불편함이 있는 것만으로도 도시에서 흑인/백인의 거주지가 명확히 나뉘는 상황이 발생할 수 있다는 점을 보여주었다.

또 다른 흥미로운 연구도 있다. 커다랗게 무리 지어 함께 날아가는 새떼의 모습을 구현한 컴퓨터 과학자 크레이그 레이놀즈Craig Reynolds의 보이드boid모형이라는 ABM이다. 이 모형의 개체인 새 한 마리는 주변의 다른 새들의 움직임에 영향을 받는 간단한 규칙 몇 개를 따라 움직인다. 이처럼 단순한 규칙만을 부여했는데도 보이드 모형이 구현하는 전체 무리의 움직임은 놀라울 정도로 실제 자연의 새떼와 닮았다.

복잡계에 관심을 가진 연구자들의 학문 배경은 정말 다양하다. 미분 방정식과 같은 수식으로 모형을 기술하는 방식을 선호하는 수학이나 물리학 분야도 있다. 하지만 미분 방정식의 꼴로 깔끔하게 표현할 수 있는 복잡계 현상이 많지 않고, 또 이런 꼴로 표현해도 해석적인 해를 얻기가 어려울 때가 많다는 점이 문제다. 수치 적분의 방법으로 계산을 하더라도 보통은 ABM에 비해 계산 시간이 훨씬 오래 걸리기도 한다.

이런 여러 가지 이유로 복잡계 연구에서 점점 더 많은 연구자가 ABM을 주요한 도구로 이용하고 있다. ABM을 구현할 수 있는 다양한 소프트웨어가 공개되어 있고 그중 넷로고Netlogo라는 프로그램이 현재 가장 인기가 있다. 다른 연구자들이 이미 만들어놓은 표준적인 모형을 내려받아 나의 필요에 맞춰 조금 수정하기만 해도 많은 복잡계 현상을 직접 구현해 볼 수 있다. 대부분의 범용 소프트웨어는 말 그대로 '범용'을 위해 '효율성'을 양보하는 경향이 있다. 즉, 구체적인 모형에 특화된 컴퓨터 계산을 대규모로 반복해야 하는 경우에 넷로고와 같은 범용 소프트웨어는 계산의 속도나 구현이 가능한 시스템의 크기 면에서 제약이 많다. 그래서 내 주변의 물리학자들은 자신의 연구에 이용할 컴퓨터 프로그램을 직접 작성하는 방식을 선호한다.

＊　＊　＊

복잡계 연구에서 이용하는 모형은 물리학에서 쓰는 모형과 많이 다르다는 점을 강조하고 싶다. 고전역학을 따르는 입자의 운동은 뉴턴의 운동 방정식으로 기술된다. 일정한 중력장에서 아래로 떨어지고 있는 입자의 운동을 다르게 기술하는 방법은 없다. 하지만 복잡계는 다르다. 공간 안에서 걸어가는 사람들의 움직임을 기술하는 방법으로 미분 방정식과 ABM을 소개했는데 이 방법 안에서도 모형의 구체적인 모습은 다채롭다. 같은 ABM을 적용하더라도 어떤 요소는 모형에 넣고 어떤 요소는 넣지 않는지에 따라 수없이 많은 모형이 가능하다는 뜻이다. 오해가 없기를 바란다. 코에 걸면 코걸이가, 귀에 걸면 귀걸이가 되는 모형을 추구하는 것이 아니다. 코걸이는 귀걸이로 쓸 수 없으니 말이다. 주어진 거시적인 복잡계 현상을 설명하는 다양한 미시적 모형이 존재할 수 있을 뿐이다. 복잡계 연구자들은 원자가 아니라 벽돌로 건물을 짓는 사람들이다. 택하는 벽돌은 크기도 모양도 다를 수 있지만 말이다.

과학
상자

7

(거의) 모든 확산을
예측하는 법

전염병 확산을 예측하는 다양한 모형들

여러 구성 요소가 모여 현실의 복잡계를 이룬다. 우리는 앞에서 구성 요소를 점으로, 구성 요소 사이의 관계를 연결선으로 단순화해 연결망을 구성하고, 연결망의 구조적 특성에 주목해 현실 복잡계의 흥미로운 거시적 성질을 이해해보려는 시도를 살펴봤다. 이번 장에서는 복잡계의 동역학적 성질, 특히 복잡계 안에서 무엇인가가 전파되는 현상에 대해 이야기하겠다.

복잡계 연구자는 전파되는 대상이 무엇이든, 큰 틀 안에서는 거의 대동소이한 방법으로 이해할 수 있다고 본다. 항공 연결망을 통해 전 지구적인 규모로 전파되는 전염병이나 컴퓨터 네트워크를 통해 전파되는 컴퓨터 바이러스나, 같은 이론 도구로 이해할 수 있다. 누리 소통망을 통한 거짓 소식fake news의 확산도, 한 조직이 의견 교환이 일어나는 연결망을 통해 합의에 이르는 과정도 마찬가지다.

　이 모든 확산 현상 중에서 요즘 전 세계 사람이 가장 관심을 가지는 현상은 전염병의 확산일 것이다. 2020년 코로나19가 범지구적으로 유행해 우리는 매일 아침 질병관리청이 발표하는 역학 조사 브리핑을 들었는데, 보건 당국에서는 '감염재생산 수'에 근거를 두어 예측한 수치를 토대로 집단 면역에 도달하기 위한 방안을 제시하기도 했다. 이러한 예측을 내리는 데는 복잡계에 대한 이해가 중요한 역할을 했다. 이번 장에서는 이제는 종결된 2015년 메르스 사태를 사례로 들어 지금까지 논의한 복잡계의 아주 단순한 원리 몇 가지를 적용해 전염병 전파에 대한 기본적인 예측 모형을 구성해볼 것이다. 물론 실제로 사용되는 전염병 전파 모형은 훨씬 복잡하며 다양한 기술과 도구가 동원된다. 그러나 복잡계를 이해한다는 목적을 위해서는(그리고 '감염재생산 수'가 왜 중요한지 이해하기 위해서는) 여기서 소개하는 기초적인 모형만으로도 충분할 것으로 믿는다.

전염병의 확산을 예측하는 SI 모형

　2015년 5월 말 메르스라 불리는 중동호흡기증후군Middle East Respiratory Syndrome, MERS 전염병의 확산이 우리나라에서 큰 문제가 된 적이 있다. 그해 5월 20일 첫 환자가 발생한 후 7월 초에 환자가 186명으로 늘어났고 이후 추가 환자는 발생하지 않았다. 전염병 발생의 초기, 환자 수는 지수 함수의 꼴로 늘어나게 되는데, 그 이유는 어렵지 않게 미루어 짐작할 수 있다.

자, 새로운 병원균에 감염된 환자가 처음 발생했다고 해보자. 이 사람이 걸린 질병이 어떤 것인지, 어떤 방법으로 전염되는지 아직 아무도 모른다고 하자. 병에 걸린 사람도 단순한 감기에 걸렸다고 오해해 며칠 잠깐 앓다 곧 나을 것으로 생각할 가능성이 있다. 이런 초기 상황에서 막 등장한 병원균의 눈에 도시 전체는 무주공산이다. 아무런 제약이나 경쟁 없이 병원균은 얼마든지 전파될 수 있다.

예를 들어 병원균에 감염된 한 사람이 하루에 한 명을 추가로 감염시킨다고 해보자. 첫날 한 명이었던 환자는 둘째 날에는 이제 두 명이 된다. 이렇게 두 명이 된 감염자는 각자 또 하루에 한 명을 추가로 감염시키니 셋째 날 전체 환자 수는 둘째 날의 두 명에 더해서 이들이 새로 감염시킨 두 명을 더해 모두 4명이다. 넷째 날은 8명, 하루 더 지나면 16명이 된다. 이처럼 병원균이 아무런 제약 없이 퍼진다면 누적 환자 수는 1명, 2명, 4명, 8명, 16명의 꼴로 하루에 두 배씩 늘어난다. 바로 지수 함수를 따르는 기하급수적 증가다.

이 이야기를 좀 더 일반화해서 하루에 환자 한 명이 전염시키는 사람의 수를 r이라 해보자. 오늘 날짜가 t이고 현재 감염자

(Infected, I 상태) 수가 $I(t)$라고 하면 하루가 더 지나 내일이 되면 전체 환자 수는 어떻게 될까. 아직 초기라서 어느 누구도 치료받으러 병원에 가지 않고 증세도 가벼워 병에 걸린 사람들은 평상시처럼 출퇴근하며 주변 사람을 제한 없이 감염시킨다고 해보자. 오늘 아침 병에 걸린 사람 $I(t)$명은 여전히 내일도 환자로 남아있는데, 이들이 오늘 하루 동안 환자 한 명당 r명을 감염시키니 추가로 $rI(t)$명의 환자가 발생한다. 따라서 날짜가 $(t+1)$인 내일의 감염자 수를 식으로 적으면, $I(t+1)=I(t)+rI(t)$이 된다. 오늘 아침 환자 수 더하기 오늘 하루 추가로 감염된 환자 수의 합이다.

이 식을 다른 꼴로 적기도 한다. 하루에 늘어나는 환자 수를 식의 왼쪽에 적는다. 내일 환자 수에서 오늘 환자 수를 빼서, 즉 $I(t+1)-I(t)$를 식의 왼쪽으로 옮겨 적으면 되는데, 과학자들은 이처럼 두 값의 차이를 대개 그리스어 알파벳 델타 Δ로 표기한다. 이제 식을 새로 적으면 다음과 같다.

$$\Delta I(t)=I(t+1)-I(t)=rI(t) \qquad \cdots\cdots\cdots \text{식 (1)}$$

이를 풀어 t의 함수로 $I(t)$를 구하면, $I(t)=I_0(1+r)^t$가 된다는 사실을 어렵지 않게 보일 수 있다(I_0는 첫날의 최초 감염자 수). 바로 기하급수적으로 증가하는 지수 함수의 꼴이다.

〈그림 1〉은 2015년 우리나라의 메르스 확산 초기, 당시의 실제

누적 환자 수가 시간이 지나면서 어떻게 늘었는지 그래프로 그려 본 것이다. 예상했던 것처럼 메르스 발생 초기에 누적 환자 수는 지수 함수의 꼴로 늘어났다. 첫 환자 발생 후 20일 정도의 기간 동안 환자 한 명이 하루에 감염시킨 환자 수는 어림잡아 0.24명 정도였다. 즉, 환자 한 명은 평균 나흘에 한 명을 감염시킨 셈이다.

지수 함수를 따르는 누적 환자 수 증가가 영원히 계속될 리는 없다. 며칠이 지나 증세가 악화된 환자가 의료 기관을 방문하기 시작하고, 보건 당국이 상황의 심각함을 알게 되면 여러 다양한 수단을 동원해서 추가 확산을 막으려 노력할 것임이 분명하기 때문이다. 결국 환자 수는 어떤 값에 수렴하며 전염병의 확산은 멈춘다.

환자 수가 최댓값 K로 제한되어 있다면 위에서 본 전염병 환자 수의 방정식 $I(t+1)-I(t)=rI(t)$은 어떻게 바꿔야 할까? 병원균은 당연히 걸린 사람에게서 안 걸린 사람에게로 전염된다. 현재 병에 걸린 사람 수가 $I(t)$이니 전체 K명 중 아직 병에 안 걸린 사람(Susceptible, S 상태)의 수는 $S(t)=K-I(t)$이다. 이때 병이 전염될 확률은 당연히 병에 걸린 사람(I 상태)이 병에 아직 걸리지 않은 사람(S 상태)을 만날 확률에 비례하고 따라서 새로 늘어나는 감염자 수 ΔI은 $I(t)$에도, 그리고 $S(t)=K-I(t)$에도 비례한다. 이를 식으로 적으면, $\Delta I(t) \propto I(t)[K-I(t)]$가 된다. 다시 이 식을 정리해 등호를 이용해 적으면 다음과 같다.

$$\Delta I(t)=I(t+1)-I(t)=rI(t)[1-I(t)/K] \quad \cdots\cdots\cdots 식 (2)$$

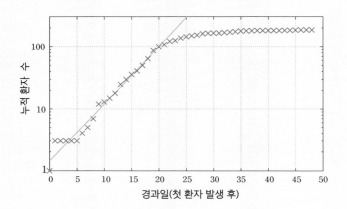

그림 1 2015년 메르스 확산 초기에 누적 감염자 수는 지수 함수의 꼴로 늘어났다. 세로축을 로그의 축척으로 그렸다. 그래프의 직선의 기울기로부터 확산 초기 환자 한 명은 어림잡아 나흘에 한 명 정도를 감염시켰음을 알 수 있다.

사람들의 상태를 아직 병에 걸리지 않아서 앞으로 걸릴 수 있는 S 상태와 이미 병에 걸린 I 상태로 나눠 전염병의 전파를 기술하고 있다는 점을 유념하시라. 이처럼 한 사람이 가질 수 있는 건강 상태를 S 상태와 I 상태로 나눠 전염병 확산을 기술하는 모형을 SI 모형이라 부른다.[1]

SI 모형은 전염병 전파가 시간에 따라 변화하는 모습을 기술하는 여러 모형 중 가장 단순한 형태다. 이 모형에서 각각의 사람은 S 상태에서 I 상태로의 변화만 가능하다. 즉, 병에 걸린 I 상태의 사람은 회복되지 않는다. 사람이 S와 I의 두 상태만을 가질 수 있다는 면에서 전염병 전파의 동역학적 모형 중 가장 단순한 것이다.

SI 모형은 상당히 단순하지만 동시에 여러 가지 상황에 적용될 수 있는 매우 강력한 모형이기도 하다. 예컨대 식 (2)를 보자. 어딘가 낯익지 않은가? 식 (2)는 로지스틱 모형 혹은 병참 본뜨기라고 불리는 모형으로 이 책의 '들어가는 말'에도 카오스를 보이는 비선형 시스템의 예로 소개한 바 있다. 병참 본뜨기 모형은 최댓값이 주어진 어떤 환경에 토대를 두고 개체 사이의 상호 작용이 있는 다양한 상황에 적용할 수 있다.

예를 들어 주어진 크기의 풀밭에서 앞으로 토끼의 개체 수가 몇 마리가 될지 설명해보자. 토끼 사이의 경쟁이 없거나 풀밭의 크기가 무한대라면 토끼의 개체 수는 자연적으로 증가해서 $\Delta N(t) = rN(t)$로 적을 수 있다. 하지만 토끼 사이에 생존 경쟁이 있다면 토끼 개체 수의 제곱에 비례하는 음의 부호를 가진 항이 추가되어 $\Delta N(t) = rN(t) - aN(t)^2$이 된다. 토끼들 사이의 생존 경쟁으로 토끼의 개체 수는 경쟁 없는 상황에 비교해 줄어들고, 얼마나 자주 두 토끼가 만나 경쟁하는지는 토끼의 개체 수의 제곱에 비례하기 때문이다.

이 식을 따라 점점 토끼의 개체 수는 늘어나다가 더 이상 늘지 않는 조건 ($\Delta N(t) = 0$)을 만족하는 상황에 도달한다. 만약 주어진 크기의 풀밭에서 토끼의 최대 개체 수가 K라면, 이 조건은 $\Delta N = K(r - aK) = 0$이므로 $a = r/K$가 된다. 이 식을 이용해 $\Delta N(t) = rN(t) - aN(t)^2$을 다시 적으면 앞에서 얻은 SI 모형의 식 (2)와 정확히 같은 꼴 $\Delta N(t) = rN(t)[1 - N(t)/K]$이 된다.

이렇게 감염병 확산, 생태계에서의 개체 수의 증가, 새로운 유행이 시작되어 많은 사람에게 확산되는 과정 등 여러 현상을 병참 본뜨기 모형으로 설명할 수 있다. 이 모형이 여러 학문 분야에서 널리 이용되는 이유다.

다시 식 (2)를 보자. 아무런 제한 없이 모든 사람이 병에 걸린다면 즉, K에 제한이 없어 이 값을 무한대로 놓을 수 있다면 위의 식 (2)는 식 (1)과 정확히 같아진다. 이 경우 누적 환자 수는 기하급수적으로 늘어난다. 물론 현실에서는 불가능한 일이다. 유한한 K일 때, 식 (2)를 다시 보자. 전파 초기에는 $I(t)$가 K보다 충분히 작고, 따라서 $I(t)/K$의 값이 0에 가까워 식 (2)는 식 (1)과 거의 같은 꼴이다. 즉, 전파 초기에는 K가 무한대가 아니라 유한하더라도 감염자 수는 식 (1)과 마찬가지로 지수 함수를 따라 늘어난다. $I(t)$가 점점 늘어 K에 접근하면 달라진다. 식 (2)의 오른쪽에 보이는 $1-I(t)/K$의 값이 0에 가까워지므로 새로 발생하는 환자 수 ΔI도 거의 0의 값을 가지게 된다.

자, 위의 이야기를 종합해서 정리해보자. 식 (2)에서 다음과 같은 예측을 할 수 있다. (ⅰ) 전염병 전파 초기에는 지수 함수를 따라 폭발적으로 누적 감염자 수가 늘어난다. (ⅱ) 시간이 지나면 누적 감염자 수는 최대 감염자 수인 K에 접근하고 결국 증가하지 않는다. 〈그림 2〉의 2015년 우리나라의 메르스 감염자 수가 바로 그랬다. 식 (2)를 연속적인 시간에 대한 미분 방정식으로 어림하면(즉, $\Delta I(t) = \dfrac{I(t+1)-I(t)}{(t+1)-t} \approx \dfrac{dI}{dt}$), 그 해를 해석적인 형태로 구할 수 있어(자세한 내용은 '더 참고한 글들'의 과학 상자 7에서 Barabasi 2016과 Newman 2010을 참고할 것), 다음과 같은 결과를 얻는다.

$$I(t) = \frac{I_0 e^{rt}}{1-(I_0/K)(1-e^{rt})} \qquad \text{......... 식 (3)}$$

여기서 I_0/K는 1보다 상당히 작은 값일 수밖에 없어서 만약 시간 t가 충분히 작은 전파의 초기 단계에서는 식 (3)은 $I(t) \approx I_0 e^{rt}$의 형태가 된다. 즉, 전염병의 초기 전파에 관계된 시간의 스케일(원자핵 붕괴의 반감기와 같은 것으로 생각해도 된다)은 $T=1/r$이 되는데, 한 환자가 다른 사람 한 명을 감염시킬 때까지 걸리는

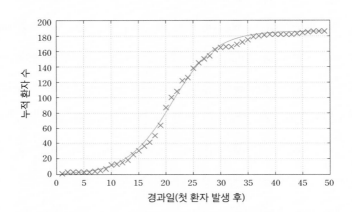

그림 2 〈그림 1〉의 세로축을 선형 축척으로 다시 그린 그래프. 식 (2)의 예측과 같이 초기의 폭발적인 증가와 이후 점진적인 수렴을 보여준다. 그림의 곡선은 첫 환자 발생 후 30일이 경과한 시점에서, 0일에서 30일까지의 실제 누적 환자 수 데이터를 이용해서 추정한 것이다.

시간 정도로 생각할 수 있다. 식 (3)과 같은 해석적인 결과는 상당히 유용하다. 이 식을 2015년 당시 실제 메르스 누적 환자 수 데이터와 비교하면 메르스 전파가 종료되기 전에라도 K와 r의 값을 어느 정도 추정할 수 있다.

SI 모형의 해석적 결과로 알 수 있는 사실이 더 있다. 식 (3)을 보면 환자 수의 시간에 따른 변화와 관련된 시간의 스케일이 $T=1/r$로 주어져서, r이 커서 초기에 빠르게 환자 수가 늘어나면 정점을 지난 후 더 빨리 신규 환자 수가 줄어든다는 점이다. 우리말 속담 "쉽게 단 쇠가 쉽게 식는다"처럼 전염병 확산의 정점에 더 빨리 도달할수록 더 빨리 전염병 확산이 멈춘다.

SI 모형은 현실을 어림으로 보는 것

사실 SI 모형이 현실의 전염병 확산 과정을 잘 기술한다고는 할 수 없다. 위에서 SI 모형으로 전염병 확산을 이해하고자 할 때 내가 대충 얼버무리고 넘어간 부분이 있다. 바로 병에 걸린 사람에게서 아직 안 걸린 사람에게로 병원균이 전파될 확률이 $I(t) \cdot S(t)$에 비례한다고 한 점이다.

극단적인 경우로서 병에 걸린 사람 $I(t)$명 모두가 격리된 병동에 있거나 아니면 아직 병에 걸리지 않은 사람들 모두가 두문불출 집에만 있다면 당연히 병원균은 전파될 수 없다. 즉, 앞의 전염병 전파 모형에는 사람들이 다른 사람들과 실제로 어떻게 연결되어 영향을 주고받는지에 대한 고려가 전혀 들어있지 않다. 앞의 모형에는 한 사회의 모든 사람은 같은 사회에 속한 다른 모든 사람과 완전히 섞여서 상대가 누구든지 동일한 방식으로 서로 영향을 주고받는다는 가정이 전제되어 있었다는 뜻이다. 물론 한 사람 한 사람이 어디에 살며 어떻게 장소를 이동하는지 이동 중과 이동 후 얼마나 많은 사람을 만나는지 명확히 정량적으로 파악할 수 있으면 전염 경로를 정확히 계산할 수 있겠지만, 이는 불가능에 가까운 일이다. 오히려 현실을 자세하게 기술하는 모형일수록 모형 안 세부 요소의 불확실성이 커져 모형 전체에 대한 신뢰도가 줄어들 때가 많다.

이런 이유로 단순한 방식으로 전염 확률을 기술하는 전염병 확산 모형이 널리 이용된다. 이를 생명 과학에서는 완전 섞임 full mixing 가정이라 하고, 통계물리학에서는 평균장 어림mean-field approximation이라 한다(학문 분야마다 다르게 부르지만 대동소이한 가정이다). 모든 사람이 집단 안에 완전히 고르게 섞여 있어서, I 상태에 있는 사람이 S 상태에 있는 사람을 만나 병원균을 전염시킬 확률이 누구에게나 정확히 같다는 가정이다.

물론 완전 섞임 가정은 현실에서 전혀 합리화될 수 없다. I 상태의 사람과 S 상태의 사람은 현실에서는 활동 패턴이 다를 것이 분명하다. 두 집단이 공간적으로 분포한 양상이 균일할 리도 없다. 또한 똑같이 I 상태에 있는 사람이라도 병에 걸린 것으로 판정되어 병원에서 격리 치료를 받는 사람과 아직 진단을 받지 않아 본인도 병에 걸렸음을 인지하지 못해 평상시의 생활을 계속하는 사람의 차이를 SI 모형은 담고 있지 않다.

완전 섞임을 어쩔 수 없이 택한 근사적 가정으로 일단 받아들이고 어떨 때 현실의 감염이 로지스틱 방정식을 따라 이루어질 수 있을까 생각해보자. 바로 확진 판정을 받아 병원에 수용된 사람들에 의해 병원 내에서만 전염이 일어나는 경우다. 물론 현실의 전염병 확산은 주로 병원 밖에서 이루어지니 매일 언론에 공개되는 누적 환자 수 $I(t)$가 로지스틱 방정식을 따라야 할 명확한 근거를 SI 모형의 틀 안에서는 찾을 수 없다.

SI 모형을 더 개선한 어림법, SIR 모형

SIR 모형은 SI 모형에 더해서 회복Recovered을 뜻하는 R 상태를 추가로 고려한 모형이다. I 상태의 사람이 R 상태로 변하면 완벽한 면역력을 회복해서 다시 감염되지 않으며 다른 이에게도 병원균을 더 이상 옮기지 않는다.[2] S, I, R 상태인 사람의 수를 각각 $S(t)$, $I(t)$, $R(t)$라 적으면 SIR 모형의 미분 방정식은 다음과 같다.

$$\frac{dS}{dt} = -\beta \frac{S \cdot I}{N}, \quad \frac{dI}{dt} = \beta \frac{S \cdot I}{N} - \gamma I, \quad \frac{dR}{dt} = \gamma I$$

········ 식 (4)

이 식은 SI 모형에서 $S(t)$, $I(t)$가 만족하는 방정식에 I 상태의 사람들이 일정한 확률로 R 상태로 변한다는 요소를 넣어 얻을 수 있다. 식 (4)의 세 식을 모두 더하면 전체 인구 수는 $S(t)+I(t)+R(t)=N$으로 일정하게 유지됨을 알 수 있다.

SIR 모형에서 β는 병원균의 감염률이며, γ는 병에 걸린 사람이 회복되는 회복률이다. SIR 모형의 R 상태를 다르게 해석할 수도 있다. 2021년말까지의 코로나19 확산 과정을 살펴보면, 일단 확진자로 판정되어 병원 내에서 체계적인 격리 치료를 받는 사람은 다른 사람을 전염시키기는 어렵다고 할 수 있다. 이런 상황에서 전염병의 확산은 주로 병원 밖에서 이루어지며 따라서 $I(t)$를 아직 진단이 이루어지지 않아서 병원 밖에서 여전히 사람들을 전염시키는 감염자 수로 볼 수 있다. 한편 $R(t)$는 확진자로 판정되어 병원에서 격리 치료를 받고 있어 전염 확산에 아무런 역할을 하지 않게 된 사람의 수로 해석할 수 있다. 이때 γ는 감염자가 확진을 받고 격리될 확률을 의미한다. 이렇게 이해하면 SIR 모형의 $R(t)$가 바로 누적 환자 수에 해당한다.

코로나19의 확산 과정에서 감염 여부를 판단하는 진단의 시행 규모는 국가별로 차이가 컸다. 각 국가의 진단 규모에 따라 γ의 값은 크게 다를 수 있다. SIR 모형의 미분 방정식을 풀어 해석적인 해를 정확히 구하는 작업은 어렵다. 이런 경우 많은 과학자는 컴퓨터 프로그램을 이용한 수치 적분으로 해를 얻는다. 〈그림 3〉에 SIR 모형의 $S(t)$, $I(t)$, $R(t)$, 각각의 수치 적분 결과와 함께,

$R(t)$를 잘 기술하는 로지스틱 곡선도 그렸다. SIR 모형의 $R(t)$가 로지스틱 모형의 S자 형태를 상당히 잘 따르는 모습을 볼 수 있다.

2015년 우리나라의 메르스 확산 데이터와 로지스틱 모형의 비교

SI 모형과 SIR 모형을 살펴보면서 어떤 가정을 해야 현실에서 매일 공개되는 누적 환자 수가 로지스틱 방정식을 따를 수 있을지를 설명해보았다. 감염자 $I(t)$가 바로 누적 확진자 수에 해당하는 SI 모형은 모든 감염이 병원같이 제한된 공간 안에서 진행되는 상황을 어느 정도 잘 기술할 수 있고, 이 경우 확산은 로지스틱 방정식을 따라 일어난다. 물론 현실에서는 확진 판정을 받지 않은 병원 밖 감염자를 통해 주로 전염이 이루어지므로 SI 모형의 한계는 명확하다.

한편 숫자를 파악할 수 없는 감염자가 일상의 생활을 계속하며 병원균을 퍼뜨리다가 일정한 확률로 확진 판정을 받아 병원에 수용되어 더 이상 다른 사람을 감염시키지 않는 상황이라면 SIR 모형이 어느 정도는 상황을 잘 기술할 수 있다. 이때 SIR 모형의 $R(t)$를 현실의 누적 확진자 수로 볼 수 있다.

로지스틱 모형을 따르면 변곡점(그래프의 곡선이 아래로 볼록에서 위로 볼록으로 변하는 지점)을 기준으로 좌우가 완벽히

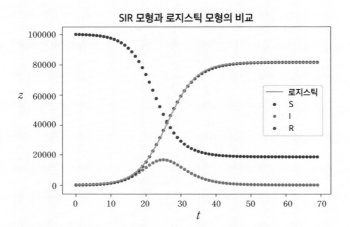

그림 3 SIR 모형의 수치 해 $S(t)$, $I(t)$, $R(t)$를 구하고, 이 중 $R(t)$를 로지스틱 곡선과 비교했다. SIR 모형의 회복자 수는 로지스틱 곡선을 근사적으로 잘 따르는 시간 변화를 보여준다.

대칭적인 형태가 나타나지만 현실의 데이터는 변곡점 이전의 증가에 비해 변곡점 이후의 감소가 상대적으로 더디게 진행되는 경향을 보이기도 한다. 이러한 이유로 로지스틱 모형을 통한 예측은 최종 확산 규모 및 그 시점을 과소 추정하는 경향이 존재할 수 있다. 또한, 과거의 정보로 미래를 추정하는 외삽extrapolation의 형식을 취할 수밖에 없다는 점도 현상론적 모형을 이용한 예측이 가진 명확한 한계다.

그렇다면 로지스틱 모형은 아예 쓸모가 없는 것일까? 실제로 로지스틱 모형과 같은 현상론적 예측 모형은 전염의 확산 규모를 추정하기 위해 여러 연구에서 사용되었다. 미국 국립보건원의 헤라르도 초웰Gerardo Chowell은 로지스틱 모형을 포함한 여러 모형을 이용해 2015~2016년의 콜롬비아 지카 바이러스의 확산 양상 및 규모를 분석했다. 이밖에도 2005년 싱가폴의 뎅기열, 2009년 캐나다의 H1N1 바이러스, 2013~2016년 서아프리카의 에볼라 바이러스 확산 분석에도 현상론적 모형이 널리 활용된 바 있다. 전염병의 특성이나 감염 기제에 대한 정보가 잘 알려져 있지 않은 경우, 단순한 현상론적 모형을 통한 실시간 예측이 유용한 현실 정보를 제공할 수 있다는 점이 이들 연구를 뒷받침하는 아이디어다.

현실의 데이터가 $\{(x_1, y_1), (x_2, y_2), (x_3, y_3), \cdots\}$의 형태로 주어질 때 이 데이터와 가장 가까운 함수 $y=f(x)$를 정하는 것을 곡선 맞춤curve fitting이라 부른다. 함수와 데이터의 차이의 제곱 $\sum_i [f(x_i)-y_i]^2$이 최소가 되도록 $f(x)$의 수학적 표현에 들어있는 몇몇 조절 변수의 값을 결정하는 식으로 곡선 맞춤이 진행된다. 로지스틱 곡선 $I(t) = \dfrac{I_0 e^{rt}}{1-(I_0/K)(1-e^{rt})}$ 를 메르스 확산 데이터를 설명하는 함수로 이용하고 이 함수에 들어있는 조절 변수인 r, K 의 값을 곡선 맞춤의 최소 제곱법을 이용해 결정하면 실제 현실의 데이터에 가장 가까운 로지스틱 곡선을 얻게 된다.

〈그림 4〉(a)에 메르스 당시의 확진자 데이터와 함께 전체 데이터를 이용해 곡선 맞춤으로 구한 로지스틱 곡선을 함께 그렸다. 당시의 확진자 수가 로지스틱 곡선의 전형적인 S자 꼴을 따라 늘어났음을 볼 수 있다.

초기의 증가 패턴을 쉽게 파악하려면 그래프의 세로축을 로그의 축척으로 그리는 것이 도움이 된다. $y = Aa^x$의 형태로 증가하는 지수 함수는 양변에 로그 함수를 취하면 $\log y = \log A + x\log a$ 가 되므로, 세로축을 $\log y$로 택하면 x에 대한 일차 함수의 직선 꼴이 되기 때문이다. 이 방식으로 다시 그린 〈그림 4〉(a) 안의 작은 그림을 보면, 직선으로 표현된 초기의 지수 함수적인 폭발적인 환자 수 증가가 일정 시점(약 20일)을 지나면서 둔화되는 모습을 볼 수 있다. 만약 처음 20일간의 데이터만을 이용한다면 최종 환자 수가 현실의 최종값보다 훨씬 크게 잘못 예측될 수 있다는 점이 중요하다. 즉, 로지스틱 모형을 현실의 초기 데이터에 적용하면 의미 있는 결과를 얻기 어렵다.

〈그림 4〉(b)에는 환자 1인당 환자 증가율 $(1/N)(dN/dt)$을 실제의 데이터를 이용해 그렸다. 데이터와 함께 로지스틱 방정식

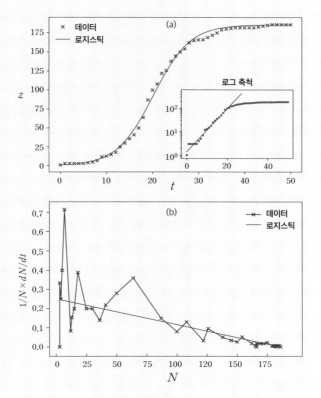

그림 4 2015년 메르스의 확산. (a) 확진자 수 데이터와 함께 로지스틱 모형에 곡선 맞춤한 결과를 함께 그렸다. 누적 환자 수는 초기 급격히 증가하다가 결국 일정한 값으로 수렴한다. 전체 구간의 데이터를 모두 이용하면 $K = 183.3$, $r = 0.248$을 얻는다. 작은 그림은 같은 데이터를 가지고 세로축을 로그의 축척으로 다시 그린 그래프다. 확산의 초기에는 직선을 따라 지수 함수적으로 급격히 환자 수가 늘어나다가 환자 발생 20일 이후 증가 폭이 둔화되기 시작하는 것을 볼 수 있다. (b) 환자 1인당 환자 증가율 $(1/N)(dN/dt)$를 N의 함수로 그린 그림. N이 100명 정도를 넘는 영역의 데이터가 개략적으로는 로지스틱 방정식의 일차 함수의 꼴로 줄어드는 모습을 볼 수 있다.

으로부터 주어지는 $(1/N)(dN/dt)=r(1-N/K)$도 함께 그려 비교했다. 현실 데이터에서 N이 충분히 큰 부분은 로지스틱 방정식과 비슷한 방식으로 N에 대한 일차 함수의 꼴로 줄어드는 모습을 볼 수 있다. 로지스틱 방정식이 전염의 후반 과정에서 실제 환자 수 증가의 양상을 어느 정도 근사적으로 기술할 수 있다는 점을 확인할 수 있다.

예측은 없는 것보다는 있는 것이 낫다

메르스 확산 데이터를 로지스틱 모형으로 기술하는 방법은 또 다른 문제가 있다. 한 번의 대규모 확산이 진행되어 어느 정도 상황이 진정된 이후에 또 다른 확산이 연이어 다시 시작할 수 있기 때문이다. 코로나19의 전 세계 확산이 정확히 이런 방식을 따랐다. 진행 중인 확산에 이어서 새로 출현한 코로나19 변이로 또 다른 대규모 확산이 여러 번 이어졌다. 정말 단순한 로지스틱 모형으로 현실의 전염병 확산을 예측하는 작업은 과거 정보에 대한 곡선 맞춤의 결과를 데이터가 아직 존재하지 않는 미래로 외삽하는 것이다.

기상 변화와 같이 초기 조건의 불확실성과 동역학의 비선형성 효과가 큰 문제에서는 미래의 예측에 소위 '앙상블 예측'이라는 방법을 이용한다. 초기 조건의 불확실성을 허용하는 다양한 모형을 동시에 이용하고 이런 예측들을 모아 평균적인 예측과 함께 예측의 불확실성의 정도도 제시하는 방법이다. 나는 많은 과학자가 다양한 방식의 여러 불확실한 모형을 이용한 예측을 제시하고 이런 예측들이 모여 집단 지성을 이룬다면, 전염병이 확산하는 미래를 더 정확하게 볼 수 있지 않을까 생각한다.

과거의 데이터를 모아 미래를 짐작하는 방식은 엄밀한 예측이 될 수 없다. 어제까지 매일 정확히 같은 일이 반복되었다고 해서, 내일도 그러하리라고 확신할 수는 없기 때문이다. 하지만 틀렸다고 판정될 수 있는 예측이라도 없는 예측보다는 낫다는 것이 나의 생각이다. 예측 시나리오 없이 미래에 대비하기는 어렵다고 믿기 때문이다.

연결망을 통한 거짓 소식의 확산

사실 통계물리학에서 평균장 어림의 지위는 별로 높지 않다. 내가 대학원에서 통계물리학을 강의할 때도, 답이 어떨지를 대충 짐작하기 위해서만 이 방법을 쓰라고, 평균장 어림으로 얻는 결과는 틀릴 수 있으니 항상 의심하라고 가르친다. 평균장 어림이 잘못된 결과를 주는 통계물리학의 대표적인 예가 있다. 일차원에서 국소적 상호 작용을 하는 물리계는 절대 온도 0도보다 높은 어떤 온도에서도 항상 무질서한 상태에 있다는 사실을 쉽게 증명할

수 있다. 바로 물리계가 높은 엔트로피 상태를 선호하기 때문에 생기는 효과다. 하지만 평균장 어림을 통해 계산하면 같은 일차원 물리계가 유한한 온도에서 질서 있는 정돈된 상태에 있을 수 있다는 결론을 얻는다. 이처럼 평균장 어림은 잘못된 결과를 줄 때가 많다.

자, 이제 단순한 평균장 어림, 혹은 완전 섞임의 가정을 넘어서 보자. 복잡한 연결망의 얽히고설킨 연결선을 따라 사람들이 서로 영향을 주고받을 때, 병원균의 확산은 어떤 방식을 따를지 생각해보자. 굳이 사람들 사이에 전파되는 병원균으로 관심을 좁힐 필요도 없다. 인터넷으로 연결된 컴퓨터 연결망을 통해 컴퓨터

바이러스가 전파되는 것도 정확히 같은 문제다.

우리가 3장에서 본 척도 없는 연결망의 대표적 사례가 인터넷이다. 인터넷을 연결망의 관점에서 분석하면 이웃 수 분포는 $P(k) \propto k^{-\gamma}$의 멱함수 꼴이며, 지수 γ의 값은 2와 3 사이 정도다. 이때 인터넷과 같은 척도 없는 연결망에서는 왜 그토록 정보의 전파가 빠른지 수학적 모형을 통해 살펴보자. 전염병 확산 모형을 이용하면 정보의 전파 과정을 간단히 도식화할 수 있다. 여러 전염병 전파 모형 중 가장 단순한 SI 모형의 결과가 척도 없는 연결망의 구조를 고려하면 어떻게 달라질까.

연결망의 자세한 구조가 알려져 있어 누가 누구와 연결되어 있는지에 대한 정보가 완벽히 주어졌다고 하자. 이 경우에는 연결망에 있는 노드 하나하나의 감염 여부를 행위자 기반 모형의 방법을 따라 살펴볼 수 있다. 이 방법으로 SI 전염병 모형을 구현하는 일은 어렵지 않다.

(i) 먼저 K명의 모든 사람이 건강한 S 상태인 초기 조건에서 시작한다. 연결망 안의 한 사람 한 사람이 다른 사람들과 어떻게 링크를 통해 연결되어 있는지 정보가 있고 편의상 연결 구조는 시간이 지나도 변하지 않는다고 가정한다.

(ii) 자, 이제 N_0명의 사람을 임의로 택해 이들의 상태를 감염 상태(I 상태)로 바꾼다. 이들은 이 가상 사회 바깥에서 어떤 이유

로 인해 감염된 사람들이다. 예를 들어 중동 지역을 방문해 병원균에 감염되었고 이후 비행기를 통해 귀국한 사람들처럼 말이다.

(iii) 연결망 안에서 링크로 연결된 두 사람을 임의로 택한다. 만약 이렇게 마구잡이로 택한 링크에 의해 S와 S, 혹은 I와 I 상태의 사람이 연결되어 있다면 아무 일도 생기지 않는다. 병원균은 건강한 사람 사이에서는 전염되지 않고, 또 어차피 병원균에 감염된 두 사람이 만나도 아무런 변화가 있을 리 없다. 하지만 마구잡이로 택한 이 링크에 의해 S와 I가 연결되어 있다면 다르다. 이제 둘 중 S였던 사람은 I 상태인 사람에 의해 감염된다. 물론 항상 감염되지는 않는다. I가 S를 만났을 때, S를 감염시켜 I로 바꾸는 확률을 β라 부르자.

이런 절차를 이용하면 SI 전염병 확산 모형을 행위자 기반 모형을 통해 컴퓨터 시뮬레이션으로 구현할 수 있다. 그리고 시뮬레이션 결과를 다양한 연결망 구조를 이용해 살펴보면, 연결망의 구조적 특성이 어떻게 전염병의 전파에 영향을 미치는지도 이해할 수 있다. 그렇다면 척도 없는 연결망의 구조를 고려하면 SI 모형의 결과는 어떻게 달라질까? 연결망에 있는 한 노드의 이웃 수가 다른 노드의 이웃 수와 상관관계가 없다고 가정하면 흥미로운 결과를 얻을 수 있다. 한 환자가 다른 사람을 전염시킬 때까지 걸리는 시간 T는 다음의 식으로 표현한다.

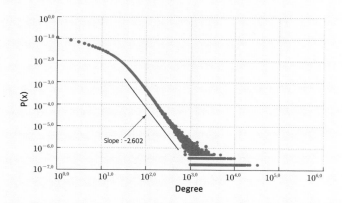

그림 5 트위터의 이웃 수 분포 확률 $P(k)$의 그래프. $P(k) \sim k^{-c}$에서 $\gamma \approx 2.6$
임을 보여준다.

$$T = \frac{<k>}{b(<k^2> - <k>)}$$

여기서, $<k> = \int kP(k)dk$, $<k^2> = \int k^2 P(k)dk$를 뜻한다. 이 결과가 놀라운 이유가 있다. 척도 없는 연결망의 이웃 수 분포 $P(k) \sim k^{-\gamma}(\gamma = 2\sim 3)$을 넣어서 계산하면 $<k^2> \propto \int k^{2-\gamma}dk$이 무한대가 나온다는 사실이다. 즉, 식의 분모가 무한대가 되므로 우리가 쉽게 접할 수 있는 인터넷과 같은 척도 없는 연결망에서는 감염 시간 $T = 0$이 된다. 척도 없는 연결망에서 전염병의 전파 속도는 무한대인 것이다. 누군가 한 명이라도 감염되면 전체 연결망에 그 병원균이 전파되는 일은 순식간이다.

전염병 전파에 대한 이야기를 했지만 같은 결과가 적용될 수 있는 사회 현상은 많다. 예를 들어, 트위터를 통해 거짓 소식이 전파되는 현상도 마찬가지다. 아직 아무도 거짓 소식을 접하지 않은 상황은 SI 모형에서는 모든 사람이 건강한 S 상태에 있는 상황이다. 거짓 소식을 접해 이를 믿게 된 사람은 이제 거짓 소식에 감염된 I 상태에 있다. 거짓 소식에 감염된 사람이 아직 감염되지 않은 사람과 만나면 일정 확률로 상대를 설득할 수 있다고 한다면 병원균의 전파 과정과 비슷하다. 그렇다면 감염 시간 T의 의미는 바로 거짓 소식이 누리 소통망에 퍼지는 시간에 해당한다. 〈그림 5〉는 트위터 연결망의 이웃 수 분포의 그래프인데 $\gamma \approx 2.6$이라는, 트위터 사용자들의 척도 없는 연결망 구조로 인해 거짓 소식의 전파 속도는 무한대가 된다.

* * *

SI 모형이 들려주는 결과는 섬뜩하다. 거짓 소식을 만들어 전파하는 사람들이 앞으로도 계속 존재할 것으로 예측할 수 있으며 거짓 소식에 한 번 설득되면 우리는 영원히 그 상태에 머물게 될지도 모른다. 거짓 소식이 '거짓'이라는 사실이 알려질 쯤에는 이미 거짓 소식은 엄청난 수의 사람을 감염시킬 수 있다. 따라서 이런 예측을 기반으로 우리가 해야 할 행동이 무엇인지 고민하는 것, 그것이 예측에 답하는 길이다.

과학
상자

8

사회를 이해하기 위해
사람을 원자로 보는 법

의사소통 구조와 시설물의 위치 설명하기

통계물리학 연구자 중에는 물리계를 입자의 집합으로 보는 전통적인 관점을 우리 주변의 사회, 경제 현상에도 똑같이 적용하려는 사람이 많다. 복잡한 사회 현상도 사회를 구성하는 구성원의 단순한 행위로부터 얼마든지 창발할 수 있기 때문이다. 단순하게 행동하는 사회적 원자로서의 사람들이 전체 사회의 흥미로운 거시적 특성을 만들어내는 것이다.

　프랑스의 철학자이자 사회학자인 콩트가 처음 이름을 붙인 '사회물리학'은 과학의 방법론을 사회 현상의 연구에 적용하려는 시도다. 부분이 서로 조화를 이뤄 한 개체의 생명을 이어가는 생명체에 대한 연구가 생물학이다. 세포가 모여 사람이 되듯, 사람이 모여 구성된 사회도 유기체로 볼 수 있으리라는 생각에 착안한 콩트는 자연과학의 연구 방법을 사회 현상에도 적용하려는 시도를 제안하게 된다. 환원주의적인 성격이 강한 물리학의 방법을 적용하려 한다는 의미에서 사회물리학이라는 이름이 붙은 것으로 보인다. 명확한 자연 법칙이 존재하는 물리학처럼 사회 현상에서도 일종의 법칙을 찾을 수 있으리라는 희망 섞인 바람이 아니었을까.[1] 콩트가 오래전 제안한 사회물리학이 현재 많은 통계물리학자의 관심을 끌고 있다. 콩트의 시대에 비해 상황이 많이 바뀌었기 때문이다. 현실 사회의 정량적인 정보가 대량으로 자동 수집되어 공개되고 있고, 사회 현상을 기술하는 정교하고 복잡한 모형을 고속의 컴퓨터를 이용해 계산하는 것도 가능해졌기 때문이다. 사회 현상을 통계물리학의 관점에서 연구하는 사회물리학은 이제 주류 물리학의 한 연구 분야로 받아들여지고 있다.

사람을 원자로 본다는 것의 의미

사람이 몇 명인지 셀 때 우리는 한 사람 한 사람의 구체적인 차이는 무시한다. 우리나라의 일인당 소득이 얼마인지, 지난 선거에서 특정 후보의 득표율이 얼마인지, 모두 마찬가지다. 어떤 형태의 정량화라도 결국은 구체적 대상의 생생한 차이를 무시한 것이다. 차이에 눈 감지 않고는 우리는 어떤 것도 셀 수 없다.

사회물리학에서 인간을 사회적 원자로 보는 방식도 비슷하다.

사회 안에서 행동하는 인간을 마치 물리학의 원자처럼 아주 단순한 방식으로 행동하는 무언가로 보겠다는 선언이다. 우리 집에 네 명이 산다고 할 때, 가족 모두가 나이도 몸무게도 하나같이 똑같다고 주장하는 것이 결코 아니다. 단지 '몇 명'인지 셀 때만은 나이, 몸무게 같은 차이를 굳이 생각하지 않는다는 말이다. 그렇기에 인간이 원자처럼 단순한 존재라고 주장하는 것이 아니다. 여럿이 모여 만든 사회의 거시적인 특성을 설명하려 할 때는 인간을 단순한 행동 규칙을 따르는 원자 같은 존재로 일단 가정해보자는 제안이다. 닭 잡는데 소 잡는 칼을 쓰지 말라는 논어의 얘기처럼 단순한 가정으로 설명할 수 있다면 현실적이지만 더 복잡한 가정을 굳이 사용하지 말자. 사회적 원자는 인간에 대한 존재론적 주장이 아니다. 사회를 이해할 때 개별 존재의 행동 방식에 대한 단순한 가정에서 일단 출발하자는 인식론적 방법이다. 물리계의 상전이처럼 보편적인 현상은 사회에서 일어나는 일부 거시적인 현상에서도 생길 수 있다. 사회를 구성하는 개개인의 특성과 행동의 구체적인 방식이 달라도 전체가 보여주는 정성적인 거시적 특성은 크게 바뀌지 않을 것이라는 믿음이다.

사회적 원자 관점은 사회라는 전체를 이해하고자 할 때 과학 상자에서 가장 먼저 꺼내쓸 수 있는 도구와 같다. 그밖에도 여러 가지 도구가 있으니 도구가 잘 맞지 않는다면 더 좋은 다른 도구를 꺼내면 된다. 자유 낙하로 가정해 푼 문제가 조금 더 복잡해진 현실을 설명하지 못하면 가정을 다듬어 더 정교하게 수정하듯이 사회를 구성하는 인간을 원자로 가정해 얻은 결과가 현실을 설명하지 못하면 가정을 수정해 더 정교한 모형을 만들 수 있는 것이다. 사회적 원자는 물리학의 방법으로 사회 현상을 이해하려는 시도의 출발점이다.

사회적 원자의 관점으로 설명하는 의사소통의 구조

사회적 원자라는 사고 방식의 틀을 따르는 통계물리학의 대표적인 모형 중 하나가 바로 투표자 모형voter model이다. 이 모형의 구성 요소인 투표자는 정말 단순한 방식으로 다음과 같이 행동한다고 가정한다.

(i) 자신에게 영향을 줄 수 있는 친구 중 하나를 임의로 택한다.

(ii) 자신의 기존 의견을 아무 망설임 없이 버리고 (i)에서 택한 친구의 의견을 무조건 따른다.

조금만 생각해봐도 현실에서 이렇게 단순하게 행동하는 개인은 없다. 하지만 우리가 주변 친구의 영향을 받아 의견을 정할 때가 많다는 점을 생각하면, 극도로 단순화한 행동 방식이지만 현실과 완전히 동떨어진 것은 아니다.

모형을 좀 더 현실적으로 수정할 여지도 물론 있다. 위의 과정 (ii)에서 친구의 의견을 무조건 따르는 것이 아니라 1보다 작은 확률로 따르게 할 수도 있고, 얼마나 친구를 신뢰할 수 있는지에 대한 변수를 도입해 친구의 신뢰도에 비례하는 확률로 의견을 따르게 하는 것도 가능하다. 이처럼 투표자 모형이라는 큰 테두리 안에서도, 살펴보려고 하는 결과가 어떤 것인지에 따라 다양한 시도를 해볼 수 있다. 표준적인 투표자 모형에서는 각 행위자가 가질 수 있는 의견이 딱 두 종류인 경우를 생각한다(물론 의견의 종류가 여럿인 경우로 모형을 얼마든지 확장할 수 있다). 편의상 두 의견을 +1, −1의 두 값으로 표현할 때가 많다.[2]

내가 연구 그룹 연구원들과 함께 진행한 연구가 있다. 상명하복의 계층 구조와 이보다 훨씬 다양한 의견 소통의 통로가 존재하는 구조를 비교해서, 투표자 모형의 결과가 어떻게 달라질 수 있는지를 살펴본 연구다. 계층 구조의 상층에서 하층 방향으로 한쪽 방향으로만 의사소통이 가능한 구조를 먼저 생각하고, 이 구조에서 출발해서 p의 확률로 의사소통의 연결 채널을 무작위로 추가하는 방식으로 연결망 구조를 생성했다. 즉, 만약 $p=0$이면 완벽한 상명하복의 계층 구조에 해당하고, 점점 p값이 커지면 하층에서 상층으로 향하는 것처럼 이 모형의 투표자가 상호 작용을 할 수 있는 채널이 다양해진다. 이렇게 p값을 바꿔가며 여러 연결망 구조를 생성하고는 각각의 구조를 토대로 한 투표자 모형을 컴퓨터 시뮬레이션을 이용해 살펴보았다.

　　연구에서 관심을 둔 질문은 바로 "만약 구조의 최상층이 잘못된 의견을 가지고 있더라도, 전체 투표자가 활발히 의사소통을 하면 최상층의 의견과 다른 의견으로 합의할 수 있을까?"였다. 이 질문에 대한 답을 찾기 위해서는 어떤 의견이 그릇된 의견이고 어떤 의견이 올바른 의견인지를 정량적 모형으로 어떻게 구현할 수 있는지를 고민해야 했다. 옳고 그름이라는 가치 판단을 직접 투표자 모형에 구현하기는 어려워 간접적인 방법을 택했다.

　　위에서 투표자 모형의 작동 방식의 설명에 등장한 항목 (ii)를 다음과 같이 수정했다. 만약 친구의 의견이 $+1$이면 100%의 확률로 그 친구의 의견을 무조건 따라가고, 만약 친구의 의견이 -1

이면 100％보다 약간 작은 확률로 그 의견을 따라가도록 했다. 즉, ＋1의 의견은 아무런 망설임 없이 다른 친구에게 전달되는 데 비해, －1의 의견은 가끔은 받아들여지지 않을 때도 있다는 뜻이다. 이처럼 두 의견이 받아들여지는 과정이 대칭적이 아니게 함으로써 둘 중 ＋1의 의견이 좀 더 나은 의견이라는 점을 모형에 반영하고자 했다.

컴퓨터 시뮬레이션을 통해 살펴본 연구 결과는 무척 흥미로웠다. 먼저 상명하복의 계층 구조와 의사소통 채널이 다양한 민주적 구조는 각기 일장일단이 있다. 상명하복 구조는 최상위층의 의견이 아주 빠르게 구석구석으로 전달된다. 조금만 생각해보면, 전체 조직을 구성하는 사람의 수가 N일 때, 최상층의 의견이 모두에게 전달되는 시간은 N의 로그값에 비례한다는 사실을 알 수 있다.[3] 아주 빠른 의견 확산 시간은 의사소통 채널이 다양한(즉, p의 값이 1에 가까운) 민주적인 의사소통 구조에서는 불가능한 일이다.

상명하복 구조는 엄청난 단점도 아울러 가지고 있다. 조직 최상층에 있는 사람의 의견이 잘못된 의견(연구에서 사용한 모형에서는 －1의 의견)인 경우, 이 의견이 모두에게 아무런 조율이나 교정 없이 빠르게 전달되어 확산된다.

의사소통이 활발한 민주적인 소통 구조는 다르다. 사람들이 충분히 활발하게 의견을 소통한다면(즉, p의 값이 1에 가까운 경우), 비록 조직 최상층의 의견이 －1이더라도, 활발한 소통을 통해 전체 중 다수가 ＋1의 의견에 합의하는 것이 가능하다.

그렇다고 민주적인 의사소통 구조가 항상 바람직한 것만은 아니다. 더 나은 의견으로 합의할 가능성이 크지만, 합의에 이를 때까지 상당히 오랜 시간이 걸릴 수 있다. 사실 적과의 전투로 교전이 일어나는 상황에서는 가장 최선의 대응 방안을 오랜 시간 토론을 해서 찾는 것보다는, 차선의 해결책이라도 빠르게 찾는 것이 더 낫다. 바로 이런 이유로, 아무리 민주주의가 발달한 나라라도 군대 조직의 의사소통 구조는 계층 구조가 바람직하지 않느냐는 생각도 든다.

비록 현실에서는 볼 수 없는 극도로 단순화된 모형이었지만 상명하복의 계층 구조와 민주적인 의사소통 구조 각각에 있는 장단점을 생각해 볼 수 있었다는 면에서 의미 있는 연구였다. 단순한 투표자 모형을 통해 앞으로 살펴보고자 하는 다른 연구도 있다. 바로 직접 민주주의와 대의 민주주의를 비교하는 연구다. 또한 최근 논의되는 숙의 민주주의를 적절히 구현하는 방안도 투표자 모형을 통해 살펴볼 수 있지 않을까.

사회적 원자의 관점으로 설명하는 시설물의 위치

위에서 소개한 투표자 모형 연구는 그 결과를 현실과 직접 정량적으로 비교하기는 어려운 면이 있었다. 내가 연구 그룹의 연구원들과 진행했던 다른 연구는, 간단한 행동 방식을 따르는 행위자를 고려했다는 면에서 사회적 원자 관점을 택한 연구이면서도, 연구의 결과로 예측되는 결과를 현실의 데이터와 직접 비교해 볼 수 있었다. 바로, 주어진 인구 밀도 분포가 있을 때 시설물의 지리적 분포를 어떻게 하는 것이 가장 효율적인 것일지를 연구한 것이다. 더 구체적으로 말하면 커피숍과 학교 같은 시설물을 공간상에 어떤 방식으로 배치하는 것이 효율적인지를 질문했다.

이 연구는 본래 시설물의 지리적 분포에 대한 마이클 가스트너Michael Gastner와 마크 뉴먼의 논문을 읽고 시작했다. 그들은 인구 밀도의 분포 함수가 주어져 있을 때, 시설물 밀도의 최적 분포 함수를 수학적으로 구했다.[4] 사람들이 하나같이 자기가 사는 위치에서 가장 가까운 시설물을 택해 그곳에 간다고 가정하고는, 온 나라 사람 전체의 이동 거리의 총합을 최소로 하는 시설물의 위치를 정하는 것이 이 논문에서 말하는 '최적'의 의미다. 물리학에서는 이와 같은 방식으로 정식화된 문제들이 많다. 주의해야 할 점은 결국 답을 달랑 어떤 값 하나로 얻는 것이 아니라 어느 위치에서라도 그 값을 알 수 있는 '함수'의 형태로 얻게 된다는 사실이다. 이 연구에서도 구체적인 시설물 하나의 위치를 정하는 것이 아니라 일반적인 시설물의 분포 함수를 다뤘다.

이처럼 주어진 인구 밀도에서 모든 사람의 이동 거리 총합을 최소화하는 것을 '최적화 문제'라고 하고, 최소화하는 양을 보통 '목적 함수objective function'라고 부른다. 목적 함수를 최적화할 때는, 많은 경우 만족해야 하는 제약 조건이 있다. 예를 들어 시설물

배치의 분포 함수를 구할 때는 모두 몇 개의 시설물이 있는지 주어져야 한다. 온 나라에 설치할 수 있는 학교의 전체 개수에 아무런 제한이 없다면, 모든 학생의 집 마당에 학교를 설치하는 것이 최적의 분포 방식이다. 이 경우에 온 나라 학생의 이동 거리의 총합은 더 줄이려 해도 줄일 수 없는 0이 될 테니 말이다.

당연히 전체 시설물 개수에 제한이 있는 경우가 현실적이다. 가스트너와 뉴먼은 모두 p개의 시설물이 있는 경우 이동 거리의 총합을 최소로 하는 최적화 문제를 생각했고, 적절한 수학적 과정을 거쳐[5], 시설물 밀도가 인구 밀도의 2/3승이 되도록 시설물을 설치하는 것이 모든 사람의 이동 거리의 총합을 최소로 하는 최적 분포임을 보였다. 처음 이 논문을 읽고 상당히 깊은 인상을 받았다. 우리 사회에서 벌어지는 여러 현상들, 예를 들어 지역 의료원의 폐쇄 문제, 강원도 산간 지역의 초등학교의 통폐합 문제 등을 이해할 때도 도움이 되는 연구라고 생각했다.

연구 결과와 현실을 비교해보기

학교와 커피숍처럼 성격이 다른 시설물은 현실에서 어떻게 분포할까. 그리고 이런 분포를 어떻게 설명할 수 있을까. 나는 가장 먼저 가스트너와 뉴먼이 예상한 결과와 실제 시설물의 분포가 과연 일치하는지 궁금했다.

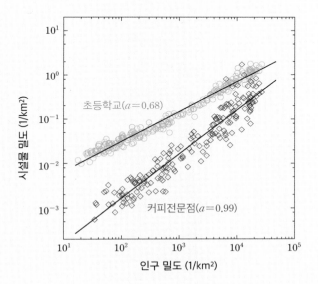

그림 1 우리나라 초등학교와 커피 전문점의 시설물 밀도 D와 인구밀도 ρ 는 멱함수 관계를 가진다($D \propto \rho^{\alpha}$). 초등학교는 $\alpha=0.68$, 커피 전문점은 $\alpha=0.99$.

우리나라의 통계청 홈페이지에는 누구나 내려받을 수 있도록 공개된 데이터가 많다.[6] 우리나라에 있는 약 300개 정도의 시군구 각각의 면적과 인구를 먼저 내려받았다. 이 두 숫자를 이용해서 인구를 면적으로 나누면 각 시군구의 인구 밀도를 알 수 있다. 다음에는 또 각 시군구에 있는 다양한 시설물의 개수 데이터를 내려받았다. 예를 들어 서울시 종로구에는 은행이 몇 개가 있는지, 초등학교는 또 몇 개인지 등을 우리나라 전 지역에 대해서 내려 받은 것이다. 각 지역의 시설물 개수를 마찬가지로 그 지역의 면적으로 나누면 시설물의 밀도를 얻을 수 있다. 이렇게 모은 자료를 가지고 시설물의 밀도 D와 인구 밀도 ρ의 관계를 구할 수 있다.

그 결과는 〈그림 1〉처럼 그래프로 그려 볼 수 있다. 그림의 점 하나하나는 300개 정도의 지자체 하나하나에서 구한 인구와 시설물 밀도에 해당한다. 그림의 가로축과 세로축이 모두 한 칸에 10배씩 늘어나는 식으로 그려졌다는 점, 즉 두 축 모두 로그 축척으로 그려졌다는 점에 주의해야 한다.

이렇게 가로축과 세로축을 로그 축척으로 그렸을 때 거의 직선을 따라 데이터가 분포하는 모양은 세로축과 가로축에 표시된 두 양 사이에 멱함수 꼴의 관계가 성립한다는 사실을 의미한다(3장을 참고할 것). 즉, 초등학교와 커피 전문점 모두 $D \propto \rho^a$의 형태를 만족한다. 그림에서 직선의 기울기에 해당하는 것이 바로 축척 지수 a의 값에 해당해 초등학교에 대해서는 $a=0.68$를, 그리고 커피 전문점에 대해서는 $\rho=0.99$를 얻는다.

시설물	α		시설물	α
은행	1.2		경찰서	0.71
주차장	1.1		읍, 면, 동사무소	0.7
커피숍	0.99		초등학교	0.68
병원	0.96		소방서	0.6
대학	0.93		보건소	0.12

표 1 우리나라의 다양한 시설에 대해서 시설물 밀도 D와 인구 밀도 ρ의 관계를 주는 식 $D \propto \rho^{\alpha}$에서의 α의 값을 구한 표. 표의 왼쪽에는 영리를 추구하는 기관들이, 오른쪽에는 공적인 성격을 갖는 기관들이 분포하는 것을 쉽게 볼 수 있다.

〈표 1〉은 마찬가지 방법을 우리나라의 다양한 시설물들에 대해 적용해서 각 시설물마다 축척 지수 α의 값을 구해 정리한 것이다. 〈표 1〉에서 명확히 알 수 있는 사실은 시설물이 크게 보아 두 개의 그룹으로 나뉜다는 것이다. 〈표 1〉의 왼쪽에 있는 시설물은 α의 값이 1 부근이거나 좀 더 큰 시설물이고, 오른쪽에 있는 시설물은 α의 값이 상대적으로 표의 왼쪽에 있는 시설물보다 더 작은 값을 가진다. 이렇게 다양한 시설물에 대해 α의 값을 구했더니 가스트너와 뉴먼의 논문에서 이야기한 $\alpha=2/3$ 정도의 값을 가지는 시설물도 있지만, $\alpha=1$에 가까운 값을 가지는 시설물도 있다.

그뿐만이 아니다. 독자도 〈표 1〉을 보면 누구나 금방 생각할 수 있듯이, 표의 왼쪽과 오른쪽에 각각 나뉘어 있는 시설물의 특성이 영리를 추구하는 기관과 공적인 기관으로 명확히 나뉜다는 사실을 알 수 있다. 영리 시설과 공공 기관이 왜 서로 다른 분포를 나타내는 것일까? 나와 함께 연구를 진행하던 공동 연구자들도 당연히 그 이유를 고민했다. 왜 영리 추구 기관의 지수는 $\alpha=1$에 가깝고, 공적인 성격을 갖는 기관은 α가 0.7 부근으로 상대적으로 작은 걸까.

단순한 모형을 고안하기

시설물의 밀도와 인구 밀도 사이에 서로 멱함수 꼴로 의존하는 관계가 있다는 점, 그 둘을 연결하는 지수인 α를 도입해서 실제 자료를 분석했더니 α가 1의 값에 가까운 시설들과 상대적으로 그보다 작은 α값을 가지는 시설들로 나뉜다는 점을 알았다. 사적인 영리를 추구하는 시설은 대개 $\alpha=1$에 가까운 값을, 그리고 공적인 성격을 가지는 기관은 $\alpha=2/3$에 가까운 값을 갖는다는 점은 우리나라와 미국 모두에서 공통적으로 관찰됐다. 누누이 강조했듯이 복잡계 과학의 방법은 다양한 도구가 든 과학 상자를 닮았다. 우리는 사회 현상의 거시적인 패턴을 관찰했다. 그렇다면 그다음 도구로 이렇게 관찰된 거시적 현상을 설명하는 가능한 한 단순한 모형을 고안해보자.

어떤 모형인지를 설명하기 위해 먼저 상상의 두 마을 A와 B를 가정하자. 계산의 편의상 두 마을의 면적은 각각 40km²로 같다고 가정하고, 하지만 마을 사람의 수는 달라 A 마을에는 100명의 사람이, 그리고 B 마을에는 800명의 사람이 산다고 가정해보자. 자, 이제 생각해 볼 문제는 다음과 같다. 모두 45개의 커피숍을 A 마을과 B 마을에 몇 개씩 나눠 설치하는 것이 커피숍의 운영자에게 가장 최적의 분포일까. 그리고 마찬가지로 45개의 공립 학교를 두 마을에 설치할 때는 몇 개씩 설치하는 것이 최적의 분포일까.

먼저 커피숍의 경우다. A 마을과 B 마을을 합하면 전체 사람 수는 900명, 그리고 커피숍은 45개다. 즉, 커피숍 하나당 손님의 수는 20명이다. 커피숍마다 모두 20명으로 똑같은 수의 손님이 오도록 커피숍을 설치하는 것이 좋다. 이렇게 설치하면 어느 가게도 다른 가게를 부러워할 이유가 없고, 따라서 옆 마을로 옮겨가고자 하는 가게는 없기 때문이다. 따라서 100명의 사람이 사는 A 마을에는 5개(=100/20)의 커피숍을, 800명의 사람이 사는 B 마을에는 40개(=800/20)의 커피숍을 두면 된다.

5개와 40개로 나뉘어 커피숍이 설치된 상황에서 만약 A 마을 커피숍 하나가 B 마을로 옮겨 가면, A 마을의 가게당 손님 수는 이제 100/4=25명이 되고, B 마을의 가게당 손님 수는 800/41이 되어 20명에 약간 못 미치게 된다. 45개가 4개, 41개로 나뉘어 두 마을에서 장사를 하는 이 새로운 상황은 '안정적'이지 않다. B 마을 커피숍 하나가 옆 마을 커피숍을 부러워하게 되고 곧 A 마을로 옮겨갈 테니 말이다. 결국 5개, 40개인 경우가 안정적이다. 이런 상황을 경제학에서는 '내시 균형', 물리학에서는 '평형 상태'라 부른다. 이름은 다르지만 비슷한 뜻이다.

자, 45개의 커피숍이 5개와 40개로 나뉘어 설치되면 어떤 커피숍도 다른 커피숍을 부러워할 이유가 없으니 이게 바로 최적 분포다. 그런데 이것이 공적인 성격의 학교에 대해서도 최적 분포일까. 자기 가게에 와서 커피 한 잔만 팔아주면 손님이 어디에서 왔든 신경 쓸 커피숍은 없다. 그런 커피숍을 우리가 비난할 근거도 없다. 커피숍은 자선 기관이 아니다. 주인은 돈 벌려고 열심히 커피숍을 운영한다.

학교는 다르다. 아니 달라야 한다. 모든 국민은 교육받을 권리가 있고 국가는 국민에게 교육의 기회를 제공할 의무가 있다. 학교는 학생들이 내는 수업료를 가지고 돈을 버는 것이 목표인 곳이 아니라, 우리 사회에서 살아갈 미래 세대인 학생을 가르치는 곳이다. 따라서 학교 45개를 A 마을과 B 마을에 몇 개씩 나눠 설치할까를 고민할 때 사용해야 할 개념은 학교당 '학생 손님' 수보다는, 학교의 접근 편이성을 측정할 수 있는 학생들의 '통학 거리'가 되어야 한다. 학교의 최적 분포를 설명하기 위해 공동 연구자들과 함께 떠올린 것이 바로 경제학에서의 '사회적 기회 비용'이라는 개념이었다.

기회 비용은 경제학에서 자주 등장하는 개념이다. 아이디어는 간단하다. 만약 내가 지금 고를 수 있는 두 가지 가능한 경제적인 선택이 있다고 해보자. 친구랑 영화를 보러 갈지 아니면 그 시간에 시간제 아르바이트를 할지와 같은 두 가지 선택. 영화를 보면 아르바이트를 못하고 아르바이트를 하면 영화를 못 본다. 즉, 영화를 보러 가면 그 시간에 아르바이트를 해서 돈을 벌 수 있는 기회를 포기하는 것이다. 이처럼 다른 기회를 포기해서 발생한 이익의 감소를 경제학에서는 기회 비용이라고 부른다.

온 나라 학생들의 통학 거리의 총합은 사회적 기회 비용으로 어렵지 않게 환산할 수 있다. 예를 들어 모든 부모가 아이를 학교까지 자동차로 데려다준다고 가정해보자. 부모들은 아이를 학교에 데려다주느라 거리에서 낭비할 귀중한 시간에 우리 사회에 경제적인 이익을 줄 무언가를 만들거나 혹은 다른 사람에게 용역을 제공할 수 있었다. 또한 늘어난 통학 시간은 학생들의 수면 시간을 줄여 건강을 해칠 수 있고 이는 당연히 사회적인 손실이다. 즉, 모든 학생의 통학 거리 총합이 늘어날수록 우리 사회의 경제적 손실이 증가한다고 볼 수 있다. 앞에서 설명한 가스트너와 뉴먼의 연구에서 최소로 하고자 한 목적 함수가 바로 모든 사람의 이동 거리의 총합임을 생각하면, 왜 이 양이 최소가 되는 것이 사회 전체에 이익이 되는지를 사회적 기회 비용이라는 개념을 통해 쉽게 이해할 수 있다.

따라서 가게당 손님 수가 모두 균일하도록 커피숍을 설치하는 것이 가장 최적의 분포였다면 공적 기관인 학교는 학교당 학생들의 이동 거리의 총합이 균일하도록 설치하는 것이 최적의 분포를 결정한다. 상상의 두 마을 A, B에 대해 그 답을 구하면 45개의 학교를 9개, 36개로 나눠 설치하는 방식이 바로 최적의 분포가 된다.

A 마을에 9개의 학교가 있으면 학교당 학생 수는 $100/9$가 된다(독자도 눈치챘듯이, 두 마을에는 단 한 명의 예외도 없이 하나같이 커피를 좋아하는 초등학생만 살고 있다. 참 이상한 동네다). 학교 하나가 차지하는 면적은 마을 전체의 면적 40km^2를 학교의 수 9로 나누니 $(40/9)\text{km}^2$가 된다. 이차원 평면에서 면적에 제곱근($\sqrt{}$)을 취하면 거리에 해당하니, A 마을에 있는 학교 하나에 오는 사람들의 이동 거리의 총합은 바로 '학생 수 곱하기 이동 거리'가 되고, 따라서 대략 $S_A = (100/9)\sqrt{40/9}\,\text{km}$가 된다.

똑같은 계산을 36개의 학교가 있는 B 마을에 대해서 하면 그 값은 $S_B = (800/36)\sqrt{40/36}\,\text{km}$이 되어 계산하면 $S_A = S_B$를 얻는다. 즉, 9개와 36개로 학교를 나눠 설치하면 A 마을 학교에 오는 학생들의 이동 거리의 총합과 B 마을 학교에 오는 학생들의 이동 거리의 총합이 같아진다.

위에서 우리나라의 다양한 시설물의 분포를 설명할 때 사용한 지수 α를 고려해보자. 식 $D \propto \rho^\alpha$를 두 마을 A, B에 대해 각각 적어 $D_A \propto \rho_A{}^\alpha$, $D_B \propto \rho_B{}^\alpha$를 얻고, 이로부터 $\dfrac{D_B}{D_A} = \left(\dfrac{\rho_B}{\rho_A}\right)^\alpha$가 나온다. 두 마을의 면적이 같다고 가정했으므로 커피숍의 경우는 $D_B/D_A = 40/5 = 8$, 학교의 경우는 $D_B/D_A = 36/9 = 4$가 되고, 인구 밀도의 비는 $\rho_B/\rho_A = 800/100 = 8$이 된다. 즉, 커피숍의 경우는 $8 = 8^\alpha$로부터 $\alpha = 1$을, 학교의 경우는 $4 = 8^\alpha$인데, $4 = 2^2$, $8^\alpha = 2^{3\alpha}$이므로 $\alpha = 2/3$을 얻을 수 있다. 아주 간단하게 커피를 좋아하는 초등학생들로만 이루어진 가상의 두 마을을 상상했지만, 실제 세상에서 얻은 〈표 1〉의 결과를 잘 설명한다는 점을 알 수 있다. 그리고 $\alpha = 2/3$는 이동 거리의 총합을 최소로 하는 최적의 분포를 구한 가스트너와 뉴먼의 결과와도 일치한다.

지금까지 살펴본 것처럼 실제와는 달라도 논의를 간편하게 할 수 있는 단순한 모형으로 어느 정도 현실을 설명할 수 있다는 사실을 알면 이제 이론을 현실과 가까운 상황으로 더 확장할 수도 있다. 100명과 800명, 커피 마시는 초등학생만 있는 두 마을 이야기를 일반적인 상황으로 확장하려면 어떻게 해야 할까?

행위자 기반 모형으로 컴퓨터 시뮬레이션 하기

자, 지금까지의 연구를 정리해보자. 먼저, 다른 연구자의 작업에 흥미를 느껴 현실의 구체적인 자료에 대해서 그 논문의 결과를 확인해보니, $\alpha=1$과 $\alpha=2/3$의 두 경우로 시설물들이 나뉘는 모양을 보았다. 그리고 이를 설명하는 간단한 모형을 고안해서 사적인 이윤을 추구하는 시설물과 공적인 시설물에 대한 분포 차이를 설명할 수 있었다. 다음의 연구 단계에서는 미시적인microscopic 행동 규칙을 적용해서 어떻게 거시적인 패턴이 드러나는지를 컴퓨터를 이용한 시뮬레이션을 통해 살펴봤다. 바로 6장에서 설명한 행위자 기반 모형, ABM이다. 나와 공동 연구자가 연구에서 이용한 ABM의 얼개는 다음과 같다.

(ⅰ) 사람들은 격자가 아닌 연속적인 이차원 평면 위에 주어진 인구 밀도 분포 함수를 따라 퍼져 살고 있다. 또 마구잡이로 위치를 골라 모두 p개의 시설물을 아무 곳에나 배치한다. 사람들은 자신의 위치에서 가장 가까운 시설물을 방문한다. 물론 현실의 우리는 항상 이렇게 행동하는 것은 아니다. 커피를 마시지 않는 사람은 커피숍에 갈 일이 없고, 우리가 항상 집에서 가장 가까운 커피숍에 가는 것도 아니다. 하지만 사람들의 행동이 이처럼 단순한 규칙을 따라 진행된다고 하는 사회적 원자의 관점을 택하자.

(ii) 시설물 각각에 대해서 커피숍의 경우에는 그곳에 오는 사람들의 수를, 학교의 경우에는 그 학교에 오는 사람들의 이동 거리의 합을 계산한다. 각 시설물에 대해서 얻은 그 값을 S라 하자. 커피숍의 경우 S는 손님 수에 해당해 그 값이 다른 커피숍보다 작으면 현재의 위치가 좋지 않은 곳이니 다른 장소로 위치를 옮긴다. 학교의 경우 S는 학생들의 통학 거리의 총합이 되므로 그 값이 크면 현재 학교의 위치가 좋지 않은 곳이다. S의 값이 큰 학교를 찾아서 그 학교를 다른 위치로 옮긴다. 물론 현실의 커피숍과 학교가 정확히 이런 방식으로 위치를 선정하는 것은 아니다. 이번 달 장사가 잘 안된 이유는 위치가 좋지 않아서 일 수도 있지만 옆 동네 커피숍이 할인 행사를 했기 때문일 수도 있다. (i)과 마찬가지로 ABM으로 구현한 커피숍과 학교가 단순한 규칙을 따라 위치를 선정한다는 가정은 사회적 원자의 관점을 차용한 것이다.

위의 ABM의 얼개를 따라 컴퓨터 프로그램을 작성하고[7] 시뮬레이션을 반복 수행하면 처음에 마구잡이로 위치했던 시설물들이 시간이 지나면서 특정한 패턴을 따라 2차원 평면 위에 배치된다. 더 이상의 큰 변화가 없을 때까지 시뮬레이션을 진행한 후 전체 2차원 평면 위에서 시설물의 밀도와 인구 밀도를 여러 위치에서 구해 두 값을 비교하면, 시설물의 밀도 D와 인구 밀도 ρ가 어떤 관계가 있는지 얻을 수 있다.

커피숍처럼 시설물을 방문한 사람의 수를 시설물 위치의 평가 기준으로 한 ABM에서는 시설물의 밀도가 인구 밀도에 비례($D \propto \rho$)한다는 결과를 얻었다. 한편 학교처럼 사람들의 이동 거리의 총합을 시설물 위치의 평가 기준으로 한 ABM에서는 시설물의 밀도가 인구 밀도의 약 2/3승에 비례($D \propto \rho^{2/3}$)한다는 결과를 얻었다. 사적인 이윤을 추구하는 시설들과 사회적 기회 비용이 중요한 공적인 성격의 시설들의 α값이 각각 1과 2/3에 가깝다는 결과는, 가스트너와 뉴먼의 연구, 실제의 통계 자료, 그리고 앞의 간단한 두 마을 모형에서 얻은 결과와 부합한다.[8]

　　연구 결과를 논문으로 출판한 후에도 이 문제에 지속적인 관심을 가지고 있었는데, 연구 그룹의 조우성 연구원이 인터넷에서 쉽게 찾을 수 있는 커피숍과 학교의 주소 정보로부터 각 시설의 위도와 경도를 자동으로 출력해주는 컴퓨터 프로그램을 만들었다. 그리고 이를 이용해 우리나라 지도 위에 커피숍, 초등학교, 그리고 보건소의 위치를 그림으로 그렸다.

　　〈그림 2〉에 있는 지도 위의 여러 다각형은 보로노이 셀Voroni cell이라 부르는데, 한 셀에는 시설이 딱 하나씩 들어있다고 생각하면 된다.[9] 서울에는 많은 수의 커피숍이 밀집해 있어서 보로노이 셀의 크기가 작고 많지만, 강원도 북부의 경우에는 그 수가 많지 않아 셀의 크기가 아주 크다. 커피숍은 인구가 많지 않은 이런 곳에 여러 점포를 낼 이유가 당연히 없다.

　　초등학교는 이와 달리 사람이 많이 살지 않는 곳에도 있다. 특히 흥미로운 점은 우리나라 보건소의 분포 방식이다. 〈표 1〉을 보

그림 2 (위쪽)우리나라 한 회사의 커피숍 점포의 분포, (가운데)초등학교의 분포, 그리고 (아래쪽)보건소의 분포. 커피숍은 초등학교에 비해 수도권에 더 밀집해 있고 인구가 적은 지역에는 거의 없다는 것을 볼 수 있다. 아래쪽 그림에 표시된 보건소는 인구 밀도와는 거의 상관없이 전 지역에 고루 분포해 있어서, 보건소 외의 다른 의료 기관이 거의 없는 지역이나 병원이 정말 많은 서울이나 거의 균일하게 분포해 있음을 보여준다.

면 우리나라의 보건소는 α의 값이 다른 시설물들에 비해 아주 작다. 만약 이 값이 $\alpha=0$이라면, 보건소는 인구 밀도와 상관없이 위치가 정해진다는 것을 뜻한다. 사람이 많이 사는 서울이나 인구가 적은 강원도 산간 지방이나 면적당 보건소의 수는 거의 일정($D \propto \rho^0 =$ 상수)하고, 따라서 보로노이 셀의 크기가 전국 어디서나 거의 비슷하다. 즉, 우리나라의 보건소는 의료 사각 지대에 의료 서비스를 제공한다는 본연의 목표를 잘 따라서 분포해 있다.

시설물의 사용자 수도 고려한다면

처음 가스트너와 뉴먼의 논문을 읽고는 $\alpha=2/3$이 좀 이상한 값이라고 오해한 적이 한동안 있었다. 그 이유는 만약 모든 사람이 학교에 간다고 가정하면, 결국 학교에 가는 학생의 수는 그 지역의 인구 밀도에 비례할 수밖에 없기 때문이다. 한 학교에 오는 학생 수가 학교마다 모두 다 비슷비슷하다고 가정해보자. 이 경우, 인구 밀도에 비해서 느리게 증가하는($\rho^{2/3}$) 학교 수로는 모든 학생을 다 수용할 수 없어 현실과 다르다는 모순이 발생한다. 학교당 학생 수가 전국 어디서나 비슷하다는 가정에 문제가 있는 것이다.

그럼 학교당 학생 수가 어떻게 되어야 할까. 모든 학생은 학교에 간다는 단순한 사실에서 어렵지 않게 학교의 밀도가 인구 밀도의 2/3승에 비례해 늘어난다면($\rho^{2/3}$), 한 학교에 오는 학생의 수는 당연히 인구 밀도의 1/3승에 비례해 늘어나야($\rho^{1/3}$) 두 양의 곱 ($\rho^{2/3} \times \rho^{1/3}$)이 인구 밀도($\rho$)에 비례하게 된다. 바로 이런 이유로 초등학교는 시골이나 서울 어디를 가나 볼 수 있지만, 서울에는 학교당 학생 수가 많고, 시골 학교는 학생 수가 100명도 안 되는 곳이 있는 것이다.

자, 이렇게 생각하면 커피숍의 밀도가 인구 밀도에 비례한다는 것으로부터 커피숍 한 점포에서 커피를 마시는 사람들의 수는 인구 밀도와 상관없다(ρ^0)는 사실도 쉽게 예측할 수 있다. 서울에 있는 스타벅스나 지방에 있는 스타벅스나 한 점포에서 커피를 마시는 사람의 수는 크게 차이가 나지 않을 것이다. 커피숍이나 학교나 전체 시설물을 이용하는 사람의 숫자는 시설물 하나당 이용자 수(ρ^β)와 시설물의 개수(ρ^α)의 곱의 꼴이어야 하고, 따라서 $\rho^\beta \rho^\alpha = \rho$이므로 $\beta = 1 - \alpha$가 되기 때문이다.[10]

사회물리학 연구의 성과와 한계

이 연구는 복잡계 과학의 여러 도구가 고루 쓰였다. 그렇기에 복잡계 연구가 어떻게 이뤄지는지를 잘 보여줬다고 생각한다. 또 연구 과정을 실제 진행된 시간 순서로 적어 독자에게 실제 연구 현장에서 연구가 진행되는 방식도 보여줬다.

복잡계 과학은 흥미로운 거시적인 패턴을 관찰하는 데서 시작한다. 과학자들이 '관찰'이라 할 때는 보통 정량적인 관찰을 이야기한다. 이 연구에서도 실제 현실에서 시설물의 밀도와 인구 밀도가 서로 멱함수 꼴이라는 점을 발견했고 그 둘을 연결해주는 정량적 지수 α를 도출할 수 있었다. 복잡계 연구 중 어떤 것들은 이 단계에서 얻어진 통계적인 결과를 보고하는 것으로 논문을 마치기도 한다. 현실에서 얻어진 결과를 과거에는 시도되지 않은 새로운 방식으로 정량적으로 잘 분석해 학계에 보고하는 것만으로도 상당히 의미 있는 연구가 될 여지가 많기 때문이다.

하지만 복잡계 분야의 많은 연구자는 관찰된 거시적 패턴을 설명할 수 있는 더 근본적인 원인을 찾고자 노력한다. 우리는 이 연구에서 아주 단순한 모형을 통해 현실의 거시적 패턴을 설명할 수 있는 중요 개념을 찾았다. 즉, 손님의 수가 중요한 커피숍과 사람들의 이동 거리의 합을 중요하게 생각해야 하는 공적인 시설물이 다른 α값을 가진다는 점이다. 관찰된 거시적 패턴을 보고하고 그 이유로 짐작되는 미시적인 메커니즘의 후보를 제안하는 것에서 더 나아가, 직접 그 모형을 ABM의 형태로 구현해 이를 실제의 지도 위에서 그린 것 역시 상당히 의미 있는 결과였다고 자부한다.

지금도 정부와 지자체에서는 학생 수가 적은 학교의 통폐합을 추진하고 있다. 한 학교에 오는 학생 수에 비해 그 학교에서 지출되는 선생님의 월급과 학교의 운영 비용이 훨씬 크다면 학교를 닫고 학생들이 다른 학교로 등교하는 것이 더 좋다는 논리다. 딱, 커피숍을 운영하는 논리다. 정말로 학교 하나하나의 경제적인 효율성만으로 학교의 위치를 정하고 싶은가. 그렇다면 모든 학교의 운영을 하나의 기업을 정해서 맡기면 정부의 개입 없이 아주 손쉽게 해결된다. 이 기업은 당연히 강원도 산간의 학교는 문을 닫고 서울에는 학교를 늘리려고 할 것이다. 그리고 오래지 않아 우리나라 초등학교의 분포는 앞의 〈그림 2〉에 있는 커피숍의 분포로 바뀌게 될 것이다 그런데 그렇게 바뀐 커피숍과 같은 초등학교 분포에서는, 학생들의 통학거리가 평균 50%가 늘어난다는 것을 계산을 통해 알 수 있었다. 내 학교에 와서 수업료만 내면 학생이 어디서 왔든 상관없는 이 커피숍 같은 학교 기업은 당연히 시설 하나하나의 경제적인 효율성면에서는 백점 만점에 백점이다. 하지만 말이다. 학교는 커피를 파는 곳이 아니지 않은가. 늘어난 학생들의 통학 거리의 총합으로 생기는 엄청난 사회적 기회 비용은 커피숍처럼 학교를 운영하는 기업에게는 상관없겠지만 우리 모두가 함께 나눠 짊어야 할 엄청난 비용이다. 학교는 커피숍이 아니다.

* * *

사회적 원자라는 가정을 이용한 사회물리학이 일부 성과를 얻은 것은 분명한 사실이나 한계도 있다. 먼저 거시적인 통계적 성질에 우선 관심을 두는 사회물리학은 우리 사회를 구성하는 개별적인 존재를 세심한 애정의 눈길로 보지 못한다. 새로 건설된 신도시의 인구와 면적을 알려주면 신도시에 개교해야 할 초등학교의 숫자를 예측할 수는 있지만, 구체적으로 어디에 초등학교를 설치해야 할지를 알려주기는 어렵다. 전체의 패턴에 대한 이해로부터 전체를 구성하는 생생한 구성 요소에 대해 어떤 이야기를 해줄 수 있는지를 고민해야 한다.

또 다른 문제도 있다. 사회적 원자라는 가정을 통해 현실의 사회 현상을 잘 설명했다고 해서 그 가정이 사회 현상의 원인이라고 단정해서는 안 된다. 적절한 행동 규칙의 가정으로 기존의 현상을 설명한 후에는, 같은 모형을 이용해 아직 관찰되지 않은 다른 거시적 특성을 예측해 볼 필요가 있다. 이론과 실험이 재귀적으로 영향을 주고받으며 함께 발전하는 물리학의 발전 모형이 사회물리학에서도 당연히 이용되어야 한다. 모형으로부터의 예측의 타당성을 살펴보고 모형을 더 정교하게 가다듬는 과정을 반복해, 보다 더 현실성 있는 이론을 찾아가는 노력이 필요하다.

사회물리학의 접근 방식으로 이해할 수 있는 사회 현상이 일부 있다면 이러한 접근 방식이 다른 사회과학의 방법과 함께 상보적인 도움을 줄 수도 있다. 같은 것도 다른 시각에서 보면 더 풍성한 이해를 할 수 있지 않은가. 현실 사회에 비해 상당히 단순화한 모형을 이용한다는 면에서 사회적 원자의 관점을 택한 연구의 한계가 있다는 것은 분명하지만, 점점 더 대규모로 확보될 빅데이터를 고려하면 우리 사회의 거시적인 현상을 이해할 때 사회물리학의 접근 방식은 더 중요해질 것이다.

과학
상자

9

물질에서 비물질이
떠오르는 현상을 이해하는 법

신경 세포와 인공 신경망 모형들

사람의 뇌에는 약 1000억 개의 신경 세포(뉴런neuron)가 있다. 우리은하를 구성하는 별의 숫자가 또 수천억 개 정도라서 신경 세포를 별이라 생각하면 우리 각자의 머릿속에는 은하 하나씩 들어 있는 셈이다. 우주에는 또 수천억 개 은하가 있다. 은하 하나를 신경 세포 하나로 다시 비유하면 우리 머릿속에는 우주 전체가 들어 있다 할 수도 있다.

　신경 세포 하나는 약 1000개의 시냅스를 통해 다른 신경 세포와 연결된다. 뇌에는 모두 1000억 곱하기 1000해서 100조 개 정도의 시냅스가 있다. 신경 세포를 노드로, 신경 세포를 연결하는 시냅스를 링크로 하면 사람의 뇌는 1000억 개의 노드와 100조 개의 링크로 구성된 정말 복잡한 연결망이다.

인간이 하는 고도의 정신 활동은 정보를 주고받는 수많은 신경 세포로 구성된 신경망neural network이 작동한 결과다. 돌을 발로 차 느끼는 발가락의 통증도, 사랑하는 사람과 헤어졌을 때 느끼는 쓰라림도, 다른 사람의 아픔을 내 아픔처럼 느끼는 공감 능력도, 미래를 미리 상상해 시뮬레이션해보는 인간의 놀라운 능력도 모두 두 손바닥으로 감싸 가볍게 들어 올릴 수 있는 이 작은 1.5kg의 뇌 안 신경망의 작동 결과다.

뇌는 복잡계의 전형이다. 수많은 구성 요소가 상호 작용해 인간의 의식과 정신 활동이라는, 전체의 새롭고도 거시적인 특성이 떠오른다.[1] 인간 의식의 근원을 신경 세포 하나 또는 뇌의 작은 부분으로 환원해 이해할 수는 없다. 이번 장에서는 신경 세포의 작동을 기술하는 이론 모형과 상호 작용하는 인공 신경 세포들로 구성된 인공 신경망을 통해 물질에서 비물질이 떠오르는 놀라운 현상을 이해하도록 돕는 도구를 보여주겠다.

신경 세포는 어떻게 작동할까

복잡계 연구자 중에는 신경과학에도 관심 있는 과학자가 많다. 신경과학에서 복잡한 뇌를 연구하는 방식은 나무보다 숲에 관심을 두는 복잡계의 표준적인 시각을 닮았다. 나무 하나하나는 대충 묘사하고, 나무가 모여 만들어내는 거시적 패턴에 주된 관심을 둔다.

사실 신경 세포 하나만 해도 엄청나게 많은 원자로 이루어져 있고, 이런 구성 입자들의 상호 작용으로 신경 세포 하나의 전체 행동이 결정된다. 신경 세포 하나하나도 제각각 복잡계라는 뜻이다. 구성 요소가 복잡계이고 이들이 다시 관계를 맺어 전체를 만들어내므로 신경망은 복잡계의 복잡계라 할 만하다. 신경망 전체의 행동을 이해하려면, 이해하려는 현상의 층위에 맞춰 그보다 아래 층위는 거칠게 대충 보는 것이 필수적이다. 자, 그럼 복잡계 연구의 방식으로 대충 기술하는 신경 세포 하나는 어떤 모습일까. 건물을 지으려면 벽돌로 시작하듯이, 전체 신경망을 이해하는 여정의 출발은 신경 세포다.

호지킨·헉슬리 신경 세포 모형

1963년 노벨상을 받은 호지킨–헉슬리Hodgkin-Huxley 모형은 신경 세포 하나의 작동 방식을 몇 개의 미분 방정식 형태로 정리한 수리 모형이다(α, β에 대한 식, 그리고 모형에 사용된 상수값은 따로 적지 않았다). 참고로, 이어질 논의에서 다음의 수식은 중요하지 않다. 수식이 어렵다고 걱정하지 마시라.

$$I_{\text{ext}} = C\frac{dV}{dt} + g_K n^4 (V - V_K) + g_{Na} m^3 h (V - V_{Na}) + g_L (V - V_L)$$

$$\frac{dn}{dt} = \alpha_n(1-n) - \beta_n n$$

$$\frac{dm}{dt} = \alpha_m(1-m) - \beta_m m$$

$$\frac{dh}{dt} = \alpha_h(1-h) - \beta_h h$$

이 수식은 Na와 K 이온이 신경 세포 안팎을 넘나드는 과정을 고려해 물리학의 전하량 보존 법칙(혹은 전류의 보존 법칙)을 현상론적으로 적은 모형이다. 이 모형의 방정식을 처음 보는 사람은 무척 복잡하다고 할지도 모르겠다. 하지만 그 자체로 이미 복잡한 신경 세포 하나를 단 몇 개의 변수로 기술한다는 면에서 실제 신경 세포를 엄청나게 단순화한 모형이다. 가령, 실제 신경 세포의 모든 곳에서 세포 안팎 전위차가 항상 똑같을 리 없지만 이 모형에서는 같다고 가정한다.

〈그림 1〉은 내가 만든 프로그램으로 그려본 호지킨-헉슬리 모형의 수치 적분 결과다. 입력 전류가 문턱값보다 작으면 이 모형의 신경 세포는 세포 안이 밖보다 전위가 낮아 $V = -65\text{mV}$의 전위차를 일정하게 유지한다(그림에서 $0\text{ms} \leq t < 40\text{ms}$). 충분히 큰 입력 전류가 들어오면 신경 세포의 안과 밖의 전위차는 시간에 따라 흥미로운 방식으로 변한다($t \geq 40\text{ms}$). 짧은 시간 동안 전위차가 양의 값으로 빠르게 치솟고 다시 음의 값으로 떨어지는 모습을 규칙적으로 반복한다. 이런 모습을 보이면 신경과학에서는 신경

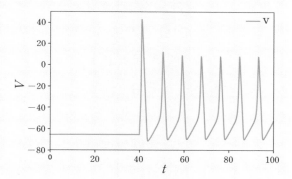

그림 1 호지킨-헉슬리 모형의 수치 계산 결과. 시간(t, 단위는 ms)이 40ms 보다 작을 때에는 입력 전류가 0이고, 이후에는 충분히 큰 전류가 입력된 상황이다. 문턱값을 넘는 전류가 들어오면 신경 세포 안과 밖의 전위차 (V, 단위는 mV)는 그림과 같은 주기적인 발화 패턴을 보여준다.

세포가 '발화fire'했다고 한다. 호지킨-헉슬리 모형은 오징어 신경 세포의 발화 패턴을 설명하고자 고안됐는데 사람 머릿속 신경 세포가 발화하는 패턴도 거의 비슷하다.

호지킨-헉슬리 모형에 대해 처음 알게 되었을 때가 기억난다. 신경 세포 하나에 들어오는 정보가 없을 때(즉, 입력 전류가 0일 때)에도 신경 세포 안과 밖의 전위차가 상당한 크기의 음의 값을 계속 유지한다는 점이 흥미로웠다. 세포 안이 밖보다 전위가 낮으므로 양의 전하량을 가진 이온은 세포 안으로 들어오려 하고, 또 음의 전하량을 가진 이온은 세포 밖으로 나가려 한다. 세포막을 통해 이온들이 자유롭게 넘나들 수 있는 통로가 있다면[2], 전하를 가진 이온들은 전위차가 0이 되는 평형 상태가 될 때까지 계속 들고 나갈 것이다. 하지만 실제 현실에서 전위차는 일정한 음의 값을 유지한다. 즉, 신경 세포는 평형 상태가 아닌 비평형 상태에 있다. 신경 세포가 음의 전위차를 유지하려면, 전위차에 의해 자발적으로 세포 안으로 저절로 유입되는 양의 전하량을 가진 이온들을 끊임없이 이온 펌프를 이용해 밖으로 퍼내야 한다[3].

이처럼 신경 세포에 들어오는 입력 정보가 없어서 전혀 정보를 처리하지 않을 때조차도 신경 세포는 음의 전위차를 유지하기 위해 계속 에너지를 소비한다. 우리 뇌는 아무 정보도 처리하고 있지 않은 상황에서도 엄청난 에너지를 쓰는 것이다. 1.5kg밖에 안 되는 뇌가 우리 신체가 소비하는 전체 에너지의 무려 20%를 쓰는데, 그 에너지의 상당 부분이 바로 신경 세포의 전위차를 음의 값으로 유지하는 데 이용된다. 우리는 정보를 처리하기 위해서가 아니라 정보를 빠르게 처리할 수 있는 민감한 상태로 우리 뇌를 유지하기 위해 엄청난 에너지를 쓰는 것이다. 입력이 없어도 음의 값을 계속 유지하는 전위차를 보면, 활쏘기 전 팔을 부들부들 떨며 힘껏 당겨 팽팽히 긴장시킨 활시위가 떠오른다. 활시위를 팽팽히 긴장시켜야 화살을 멀리 쏠 수 있듯이, 힘들여 음의 값을 유지하고 있는 신경 세포라야 입력 정보의 작은 차이에도 빠르게 반응해 출력 정보의 큰 차이를 만들 수 있는 것이 아닐까.

신경 세포 하나의 발화는 오징어나 인간이나 거의 같은 꼴로 일어난다. 그럼에도 불구하고 우리 대부분이 오징어보다 고도의 정신 활동을 할 수 있는 것은, 수많은 신경 세포가 복잡하게 연결되었기 때문이다. 호지킨-헉슬리 모형으로 신경 세포 하나를 이해하는 것과 이렇게 단순한 신경 세포가 엄청난 수로 모여 정보를 처리하는 전체 신경망을 이해하는 일은 완전히 다른 층위의 문제다. 자, 이제 관심을 하나에서 여럿으로 옮겨보자.

맥클럭·피츠 신경 세포 모형

위에서 호지킨-헉슬리 모형도 실제 신경 세포의 작동에 비하면 정말 단순한 모형이라고 했지만 여러 개의 미분 방정식으로 기술되므로 복잡하지 않은 것은 아니다. 〈그림 1〉의 전위차의 변화

모습을 가지고 신경 세포 하나의 동작을 더 단순하게 기술할 수도 있다. 바로 맥클럭–피츠McCluch-Pitts 모형이다. 이보다 더 단순할 수는 없는 정말 단순한 모형이다.

맥클럭–피츠 모형은 〈그림 1〉에서 발화하지 않고 있는 잠잠한($t < 40\text{ms}$) 신경 세포의 상태를 $S = 0$으로, 연달아 발화하고 있는 상태($t \geq 40\text{ms}$)를 $S = 1$로 한다. 호지킨–헉슬리 모형에서 입력 전류가 어떤 문턱값을 넘어서면 발화하지 않던(즉, $S = 0$) 신경 세포가 발화를 시작($S = 1$)한다고 말했다. 이를 이용해 입력값을 가로축에, 출력값 S를 세로축에 그리면 문턱값의 위치에서 높이가 한 칸 변하는 계단 모습이 된다(〈그림 2〉의 위 그림). 물리학 분야에서는 이런 계단 모양의 함수를 $\theta(x)$로 표시하는데[4], $x < 0$일 때 $\theta(x) = 0$이고 $x \geq 0$일 때 $\theta(x) = 1$이 된다. 이 함수를 이용해 입력이 S_{in}이고 문턱값이 b인 맥클럭–피츠 모형의 출력을 적으면 $S = \theta(S_{\text{in}} - b)$이 되어, 입력 전류가 문턱값보다 큰 경우에만 발화하는 신경 세포를 간단히 기술할 수 있다.

〈그림 1〉에서 설명한 호지킨–헉슬리 모형과 비교하면 아주 단순한 꼴이다. 구체적인 전위차의 값, 신경 세포의 세포막에 존재하는 다양한 이온 채널의 열리고 닫힘, 그리고 세포 안팎의 이온 농도 값, 이 중 어떤 것도 모형에 들어있지 않다. 단순하게 "입력 전류가 문턱값보다 크면 신경 세포는 발화한다"라는 사실만 수식으로 표현해 적었을 뿐이다.

신경 세포 하나는 다른 신경 세포와 정보를 주고받는다. 신경

과학 분야가 발전하며 연결된 신경 세포 둘 사이에는 시냅스synapse
라는 구조가 있으며 시냅스 전 신경 세포pre-synaptic neuron에서 시냅
스 후 신경 세포post-synaptic neuron의 방향으로 정보가 전달된다는
사실이 알려졌다. 시냅스를 통한 정보의 전달에 국한하더라도, 다
양한 신경 전달 물질의 존재, 신경 전달 물질이 담긴 작은 주머니
의 작동 방식, 방출된 신경 전달 물질의 확산과 시냅스 후 신경 세
포와의 부착, 이로 말미암아 이온 채널이 열리고 닫히는 작동 방
식 등 수많은 주제로 연구가 가능하고 실제로도 다양한 연구가 활
발히 진행되고 있다.

　자, 복잡계 연구자의 '대충 보기'의 방법으로 이 과정을 두루
뭉술하게 정리해보자. 시냅스 전 신경 세포의 출력은 다음 신경
세포로 전달되기 전에 시냅스를 거친다. 그런데 시냅스는 다양한
방식으로 정보를 전달하는 정도가 정해지므로, 전후의 신경 세포
를 연결하는 강도는 시냅스마다 제각각 다를 수 있다. 따라서 시
냅스 후 신경 세포에 입력으로 전달되는 정보는 시냅스 전 신경
세포의 출력에 두 신경 세포 사이의 시냅스 강도를 곱한 값으로
정의할 수 있다. 즉, 같은 정보라도 강도가 강한 시냅스를 통하면
시냅스 후 신경 세포에 더 큰 영향을 줄 수 있다. 한편 신경 세포
의 수상 돌기dendrite에는 시냅스가 여럿 있어서 한 신경 세포는 다
른 많은 신경 세포로부터 정보를 전달받는다.

　다시 이 모든 과정을 더 간단히 해보자. 각각의 신경 세포는 자
신에게 들어오는 다른 신경 세포의 정보를 시냅스의 강도를 통해

전달받아 이를 모두 더하고, 이 값을 자신의 발화 문턱값과 비교해 발화할지 하지 않을지를 결정한다. 이를 도식적으로 표현한 것이 〈그림 2〉의 아래 부분 그림이다.

　실제 신경망은 〈그림 2〉와는 달리 출력 신경 세포가 하나가 아니라 여럿이고, 출력 신경 세포 하나하나는 다른 신경 세포에 대해서는 또 입력 신경 세포로 작동하기도 한다. 이처럼 많은 신경 세포가 얽히고설켜 복잡한 구조로 연결되어 있더라도, 전체 신경망의 작동을 맥컬럭−피츠 모형으로 기술하는 일은 전혀 어렵지 않다. $S_i(t+1) = \theta(\sum W_{ij}S_j(t) - b_i)$의 꼴로 전체 신경망에 대해 〈그림 2〉의 식을 적으면 된다. 이 식을 이용하면, 현재 시간 t에서의 모든 신경 세포의 발화 상태 $\{S_i(t)\}$로부터 다음 시간 $t+1$에서 모든 신경 세포의 발화 상태 $\{S_i(t+1)\}$를 결정할 수 있다. 이 식에서 신경망 내부의 시냅스 연결 구조에 대한 정보는 W라는 커다란 행렬 하나에 담겨있다. 맥컬럭−피츠 모형은 W가 주어진 상황에서 어떻게 신경 세포가 정보를 처리하는지를 기술한다. 이제, 행렬 W의 의미를 좀 더 살펴보자.

　실제 생명체의 신경망에서 도대체 새로운 정보를 '학습'한다는 말이 어떤 뜻일까. 학습의 신경과학적인 근거에 대한 다양한 연구가 진행되어, 정보의 저장과 학습은 시냅스 연결 강도의 장기적인 변화의 형태[5]로 일어난다는 것이 알려졌다. 즉, 정보는 신경 세포 하나하나가 아니라 이들 사이의 연결인 여러 시냅스에 분산된 방식으로 저장된다.[6] 구체적인 학습 과정도 밝혀졌다.

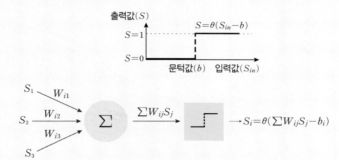

그림 2 맥컬럭-피츠 신경 세포 모형. 문턱값보다 큰 입력만 신경 세포를 발화시킨다(위 그림). i번째 신경 세포에 들어오는 여러 신경 세포의 정보(S_1, S_2, S_3)는 둘 사이의 시냅스 연결의 강도(W_{ij})를 통해 더해지고($\sum W_{ij}S_j$) 이 값이 문턱값 b_i보다 클 때 신경 세포 i가 발화한다. 즉, $S_i = \theta(\sum W_{ij}S_j(t) - b_i)$.

만약 두 신경 세포가 동시에 발화하는 것이 여러 번 반복되면 둘 사이의 시냅스 연결의 강도가 더 강해지는 방식으로 학습이 일어난다. 이를 밝힌 신경과학자 도널드 헵Donald Hebb의 이름을 따서 '헵의 학습 규칙Hebbian learning rule'이라 부른다(이름의 형용사형이 존재하는 과학자는 많지 않다. 그만큼 유명한 연구다). 영어로 재밌게 이 규칙을 운을 맞춰 표현해, "(Cells that) fire together wire together"라고 적기도 한다. 함께 '발화fire together'하는 신경 세포는 서로 '연결wire together'된다는 뜻이다. 신경 세포 사이의 시냅스 연결 강도를 기술하는 것이 바로 위에서 설명한 행렬 W이므로, 헵의 학습 규칙은 W와 관계된다.

요즘 기계 학습의 딥 러닝이 여러 과학과 공학 분야에서 큰 관심을 받고 있다. 사람보다 바둑을 잘 두는 정말 놀랍고 뛰어난 인공지능이라 하더라도, 컴퓨터로 구현된 신경망 안의 인공 신경 세포 하나의 동작은 〈그림 2〉의 맥컬럭–피츠 신경 세포 모형과 거의 같은 수준이다.

〈그림 2〉의 계단 함수에 해당하는 것을 인공 신경망 분야에서는 활성 함수activation function라 부르는데, 여러 다양한 꼴이 이용되고 있다. 특히 최근 급속히 발전하는 딥 러닝 분야에서 입력층과 출력층 사이에 있는 은닉층의 수가 늘어날수록 점점 학습 효율이 떨어지는 문제를 극복하려면 활성 함수를 신중하게 골라야 한다는 것이 알려졌다.

인공 신경망의 작동 방식은 놀랍도록 실제 뇌를 닮았다. 인공 지능은 바로 인간이 자신의 뇌에서 배운 것을 자신이 만든 컴퓨터로 구현한 것이다. 인공 지능과 뇌과학은 서로 도움을 주며 함께 발전해왔다. 많은 과학자는 우리가 우리의 뇌에 대해서 더 잘 알수록, 더 뛰어난 인공 지능을 구현할 수 있다고 믿는다.

물리계의 방법을 닮은 홉필드 신경망

물리학 분야에서는 1980년대 등장한 홉필드Hopfield 인공 신경망이 큰 관심을 끌었다. 나도 다양한 연결망 구조로 홉필드 신경망을 구현해 어떤 구조가 더 효율적인지 살펴본 적이 있다. 홉필드 신경망을 구성하는 신경 세포 하나하나는 맥클럭-피츠 모형처럼 두 개의 상태만을 가진다. 양자역학에서 이처럼 딱 두 개의 띄엄띄엄한 상태만 가지는 양이 있다. 바로 전자와 같은 기본 입자의 스핀이다.

전자의 스핀 상태 각각을 $\sigma = \pm 1$로 적으면, 맥클럭-피츠 모형의 변수 S와의 관계를 $S = (\sigma + 1)/2$로 적을 수 있다. 즉, 발화하는 신경 세포($S=1$)는 스핀이 '위' 상태인 전자($\sigma=1$)에, 발화하지 않는 신경 세포($S=0$)는 스핀이 '아래' 상태인 전자($\sigma=-1$)에 대응된다. 이 관계를 이용하면 맥클럭-피츠 모형을 따르는 신경망을 여러 스핀이 상호 작용하는 물리계에 대응시킬 수 있다. 달리 말하면, 인공 신경망 문제를 스핀으로 구성된 물리계에 대한 문제로 바꿔 물리학의 연구 방법을 그대로 적용할 수 있다는 것이다.

다행히도 스핀계spin system가 어떻게 자성magnetism을 저절로 만들어내는지를 설명하는 모형이 이미 있다. 바로 전체 에너지 함수가 $E = -\sum J_{ij}\sigma_i\sigma_j$로 주어지는 통계물리학의 이징Ising모형이다. 여기서 J_{ij}는 i번째 스핀 σ_i와 j번째 스핀 σ_j의 상호 작용의 세기를 뜻한다. 홉필드 신경망도 마찬가지의 에너지 함수로 기술되므로, 이징 모형의 한 변형으로 생각할 수 있다.

논의의 편의상 홉필드 신경망에 딱 하나의 패턴을 학습시킨 경우를 생각해보자. 이 학습 패턴에서 i번째 스핀의 값을 τ_i라 하고[7], 에너지 함수에 들어있는 상호 작용을 $J_{ij} = \tau_i\tau_j$로 적으면, 전체 에너지는 $E = -\sum J_{ij}\sigma_i\sigma_j = -\sum \tau_i\tau_j\sigma_i\sigma_j$가 된다. 여기서 τ_i와 σ_i는 둘 모두 $+1$과 -1의 값만을 가질 수 있으므로 둘의 곱을 새로운 변수 $\sigma'_i = \tau_i\sigma_i$로 정의하면 $E = -\sum (\tau_i\sigma_i)(\tau_j\sigma_j) = -\sum \sigma'_j\sigma'_j = -(\sum \sigma'_i)^2$이 된다. 따라서 전체 에너지는 $\sum \sigma'_i$의 제곱에 -1을 곱한 것이므로, 모든 i에 대해 $\sigma'_i = +1$일 때와 모든 i에 대해 $\sigma'_i = -1$일 때 가장 낮은 에너지를 가진다는 점을 쉽게 알 수 있다.

한편, $\sigma'_i = \tau_i\sigma_i$이므로, 패턴 τ_i를 학습시킨 신경망은 모든 i에 대해서 $\sigma_i = \tau_i$인 경우와 $\sigma_i = -\tau_i$인 경우에 가장 낮은 에너지를 갖는다. 즉, 학습시킨 패턴과 같은 상태($\sigma_i = \tau_i$), 그리고 학습시킨 패턴에 대해 뒤집힌 상태($\sigma_i = -\tau_i$)가 이 신경망의 두 개의 에너지 바닥 상태가 된다.[8]

위에서 정의한 $J_{ij} = \tau_i\tau_j$의 의미를 생각하면, 앞에서 언급한

헵의 학습 규칙에 부합한다는 사실을 알 수 있다. 두 신경 세포가 동시에 함께 발화($\tau_i = \tau_j = 1$)하거나 함께 발화하지 않은 ($\tau_i = \tau_j = -1$) 경우에는 $J_{ij} = 1$의 값을 배정하고, 하나는 발화했는데 다른 하나는 발화하지 않을 때에는 $J_{ij} = -1$의 값을 배정하는 것에 해당한다. 헵의 학습 규칙인 '함께 발화하면 서로 연결된다'라는 꼴이다. 만약 홉필드 신경망에 하나가 아닌 p개의 패턴을 학습시키는 경우라면, 상호 작용의 형태로 $J_{ij} = \sum_{\alpha=1}^{p} \tau_i^{(\alpha)} \tau_j^{(\alpha)}$를 이용하면 된다. 여기서 $\tau_i^{(\alpha)}$는 α번째 학습 패턴의 i번째 스핀 상태(혹은 i번째 신경 세포의 발화 상태)인데, 여러 패턴을 학습시키는 경우에는 에너지의 바닥 상태도 여럿이 된다는 점이 중요하다.[9] 대개는 처음 입력한 패턴과 가장 비슷한 학습 패턴으로 홉필드 신경망의 최종 스핀 상태가 수렴한다.

약간의 계산을 거치면, 앞에서 설명한 맥클럭–피츠 모형의 식 $S_i(t+1) = \theta(\sum W_{ij} S_j(t) - b_i)$은 이징 모형에서 절대 온도가 0도일 때 에너지 바닥 상태에 한 단계 한 단계 다가서는 몬테–카를로 과정을 기술하는 방정식에 해당한다는 사실을 쉽게 보일 수 있다. 물리학자인 나는 여러 개의 스핀이 있는 자성체 문제의 에너지 바닥 상태를 찾는 몬테–카를로 컴퓨터 계산을 수행하는데, 막상 그 결과로 얻게 되는 것은, 인공 신경망이 학습시킨 패턴을 찾아가는 과정이라는 말이다.

홉필드 신경망에 찌그러진 'ㄱ'을 입력으로 넣어 제대로 된 'ㄱ'이 출력되는 과정이, 여러 스핀으로 구성된 물리계가 에너지 바닥 상태를 찾아가는 과정에 정확히 대응된다는 점이 재밌다. 자석을 식혔더니 찌그러진 'ㄱ'이 펴져 제대로 된 'ㄱ'이 되는 셈이다. 〈그림 3〉은 바로 이 과정을 보여준다. 한글 자모 'ㄱ'을 학습시킨 홉필드 신경망에 'ㄱ'과 조금 다른 패턴을 입력하면, 결국 제대로 된 'ㄱ'을 신경망이 출력하는 것을 컴퓨터로 구현했다.

홉필드 신경망은 상당한 기간 동안 인공 지능 분야의 발달에서 중요한 역할을 했다. 뇌 안의 기억이 국소적인 위치에 저장되는 것이 아니라 시냅스 연결의 형태로 분산되어 저장된다는 사실(홉필드 신경망의 J_{ij}가 바로 정보가 저장되는 방식이다)을 명확하게 보여주었다. 현재 딥 러닝 분야에서는 전체가 하나의 연결망으로 된 홉필드 신경망과 달리, 입력층에서 출력층의 방향으로 중간에 많은 은닉층을 거치며 정보가 전달되는 형태의 신경망이 널리 쓰인다.

지금까지 복잡계로서의 신경망을 어떤 방식으로 기술할 수 있는지에 대한 이야기를 해보았다. 신경 세포 하나의 작동 방식을 수리 모형으로 이해하려는 시도가 있다. 그중 가장 대표적인 모형 몇 개를 앞에서 소개했지만 이외에도 다양한 신경 세포 모형이 있다. 나는 이쪽 분야의 전문가는 아니지만 당장 언뜻 떠오르는 신경 세포 모형만 다섯 가지다. 2000년대에는 하나의 단순 모형으로, 여러 신경 세포의 행동을 조절 변수를 바꿔 쉽게 구현해내는 신경 세포 모형이 등장해 큰 주목을 받기도 했다. 수리신경과학에서는 물리학과 달리 똑같은 시스템을 기술하는 모형이 여럿이라는 점이 내게는 인상적이었다. 신경 세포 하나를 기술하는 여러 모형은

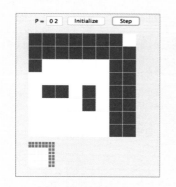 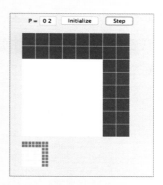

그림 3 홉필드 신경망에 한글 자모 'ㄱ'을 학습시킨 후 입력 패턴으로 약간의 오류가 있는 'ㄱ'을 주었을 때, 처음(왼쪽 그림)과 나중(오른쪽 그림)의 출력 패턴. 계산이 진행되면서 신경망이 원래 학습했던 'ㄱ'을 제대로 찾아내는 것을 보여준다. 적절히 주어진 상호 작용에 대해 스핀으로 구성된 물리계의 에너지 바닥 상태를 찾는 문제와 'ㄱ'을 인식하는 문제가 결국 똑같은 문제라는 점이 흥미롭다.

각기 제 나름대로의 특성이 있다. 연구자가 이 중 하나를 택해 연구에 이용한다고 해서 다른 모형은 틀렸다고 생각하는 것은 아니다. 연구자는 구현하려고 하는 신경망의 크기, 연구에서 얻고자 하는 결과가 무엇인지에 따라 여러 신경 세포 모형 중 하나를 적절히 택한다. 최근 눈부시게 발전한 인공 지능 분야에서도, 여전히 인공 신경 세포 하나의 동작은 맥클럭-피츠 모형과 다름없는 단순한 수준이다. 현실의 신경 세포에 더 가까운 신경 세포 모형으로 커다란 인공 신경망을 구현하는 시도가 현재 진행 중이다. 이런 신경망이 장차 어떤 거시적 특징을 떠올려 보여줄지 무척 궁금하다.

✳ ✳ ✳

인공 신경 세포 하나의 작동 방식은 정말 단순하다. 들어온 입력의 크기가 어느 이상이 되면 신경 세포가 발화하는 동작을 반복한다. 하지만 이렇게 구현된 인공 신경 세포가 서로 영향을 주고받으며 커다란 연결망을 구축하면, 전체 연결망이 정보를 효율적인 방식으로 처리한다. 바로 복잡계의 창발 현상이다. 인공 신경망뿐 아니라 실제 우리 인간의 뇌가 작동하는 방식도 마찬가지로 생각할 수 있다. 신경 세포의 하나하나의 작동 방식은 단순해도 이들이 복잡하게 얽혀 상호 작용하며 우리 뇌의 놀라운 능력을 만들어낸다. 우리 뇌도 복잡계고, 우리의 사고도 창발이다.

과학
상자

10

서로 다른 것들이
하나가 되는 구조를 찾는 법

때맞음을 설명하는 모형들

눈앞에 놓인 막대자석은 수많은 원자로 이루어져 있다. 그리고 원자 하나하나는 다시 엄청나게 작은 막대자석으로 비유할 수 있다. 이런 미시적인 수많은 자석의 N극과 S극이 모두 하나같이 같은 방향을 가리키면, 우리 앞에 놓인 커다란 막대자석은 자성을 갖게 된다. 하지만 미시적인 자석의 방향이 제각각 뒤죽박죽이면 이들의 자성이 더해져 커질 수 없어, 막대자석 전체는 자석이 될 수 없다. 막대자석이 자석이 되는 이유는, 수많은 원자 자석들이 앞으로나란히 해서 공간상에서 같은 방향으로 정렬하기 때문이다. 이를 통계물리학에서는 질서 있는 상ordered phase이라고 부른다. 또한 큰 막대자석 전체가 보여주는 거시적인 자성은 창발 현상이기도 하다. 막대자석 전체의 자성은 개별 원자 하나를 현미경으로 본다고 보이지 않는다.

작은 원자 자석들이 한 방향으로 정렬한 질서 있는 상에서 정렬한 방향은 시간이 지나도 변하지 않는다. 이처럼 막대자석의 질서는 정적이다. 이와 다른 동적인dynamic 질서도 있는데 이번 도구는 바로 시간 축을 따라 여러 구성 요소가 함께 동적으로 변하면서 질서를 만들어내는 창발 현상인 '때맞음'이다.

때맞음 현상은 상호 작용을 하는 여러 구성 요소로 이루어진 복잡계에서 널리 관찰된다. 반짝 반짝 빛을 내는 동남아시아에서 서식하는 반딧불이는, 여럿이 한 나무에 모여 크리스마스 트리의 불빛처럼 동시에 박자를 맞춰 멋진 장관을 보여준다. 앞 장에서 본 뇌 안의 신경 세포도 마찬가지여서, 시냅스로 연결된 여러 신경 세포가 때를 맞춰 동시에 발화하기도 한다. 이처럼 각기 특정한 주기로 그 상태가 변하는 구성 요소가 있을 때, 이들 구성 요소의 주기가 모두 같아져 하나로 정렬하는 것이 때맞음이다. 규칙적인 움직임을 주기적으로 반복하는 대상 중 우리가 쉽게 볼 수 있는 익숙한 예가 있다. 바로 진자다.

갈릴레오, 뉴턴, 푸코, 그리고 하위헌스의 진자

추를 매단 실의 한쪽 끝을 천장에 고정해 가만히 늘어뜨리자. 이제 추를 손으로 살짝 건드리면 추는 왔다 갔다 하는 규칙적인

움직임을 보여준다. 애들 장난 같은 이 단순한 진자simple pendulum
는 근대 물리학의 역사에서 여러 번 등장한다.

시작은 갈릴레오다. 갈릴레오는 왼쪽으로 가장 먼 지점에 있
던 추가 오른쪽으로 갔다가 다시 원래의 위치로 돌아오는 시간인
진자의 주기를 측정했다. 진자의 주기가 실에 매단 추의 질량과는
무관해서 가벼운 추나 무거운 추나 추를 연결한 실의 길이가 같다
면 모두 주기가 같다는 점을 발견했다. 이뿐만이 아니다. 비록 공
기 저항의 영향으로 진자가 왔다 갔다 하는 진폭은 시간이 지나면
서 줄어들지만, 진자의 주기는 진폭에 상관없이 일정하다는 발견
도 했다. 이를 진자의 등시성等時性(시간 주기가 같다는 뜻)이라고
부른다. 진자의 진폭이 작을 때 추를 아래로 잡아당기는 힘인 중
력을 넣고 뉴턴의 운동 방정식을 풀어 갈릴레오가 발견한 진자의
등시성을 확인하는 일은 물리학을 처음 공부하는 대학생이면 누
구나 풀어보는 표준적인 문제다.

뉴턴의 요람cradle이라고 불리는 진자도 있다. 이 기구를 보면
쇠구슬을 매단 여러 진자가 일렬로 놓여 있다. 한쪽 끝의 쇠구슬

뉴턴의 운동 방정식으로 이해하는
갈릴레오의 진자 등시성

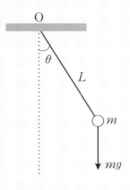

그림 1 진자의 움직임 모형

그림과 같이 길이 L인 진자가 있다. 질량 m인 추에는 아래 방향으로 중력 mg가 작용한다. 천장에 실이 매달려 있는 점을 원의 중심 O로 하면, 진자의 궤적은 원의 일부다. 추는 항상 원의 접선 방향을 따라 움직인다. 아래를 향한 중력은 벡터양이므로, O와 추의 현재 위치를 잇는 반지름 방향 및 원의 접선 방향의 두 성분으로 나눠 생각할 수 있다. 접선 방향 힘은 $-mg \sin \theta$인데, 여기서 음의 부호(-)의 의미는 힘의 방향이 θ의 부호와 반대라는 뜻이다. 그림에서 볼 수 있듯이 $\theta > 0$이어서 수직선을 기준으로 추가 오른쪽에 있다면 중력의 접선 방향 성분은 추를 왼쪽으로 움직이게 하고, 거꾸로 $\theta < 0$이어서 왼쪽에 있다면 추에 작용하는 힘은 추를 오른쪽으로 움직이게 작용한다.

자, 이제 그 유명한 뉴턴의 운동 방정식 $F = ma$를 접선 방향에 대해서 적어보자. 접선 방향으로 추가 움직인 거리를 ds라 하면, 고등학교에서 배우는 원의 호의 길이와 중심각 사이의 관계식을 이용해 $ds = Ld\theta$로 적을 수 있다. 위에서 설명한 힘 $F = -mg\sin\theta$를 운동 방정식의 등호 왼쪽에, $ma = m\dfrac{d^2s}{dt^2}$ $= mL\dfrac{d^2\theta}{dt^2}$를 등호의 오른쪽에 적으면, $-mg\sin\theta = mL\dfrac{d^2\theta}{dt^2}$ 을 얻는다. 이제 또 고등학교 수학에서 증명한 식 $\lim\limits_{\theta \to 0}\dfrac{\sin\theta}{\theta}$ $= 1$을 이용해서 θ가 작을 때(즉, 진자의 진폭이 작을 때)를 가정해 $\sin\theta$를 θ로 어림하면, 운동 방정식 $\dfrac{d^2\theta}{dt^2} + \dfrac{g}{L}\theta = 0$을 얻게 된다. 그런데 말이다. 이 식은 바로 용수철에 매달린 물체가 만족하는 운동 방정식 $m\dfrac{d^2x}{dt^2} + kx = 0$과 정확히 같은 꼴이다. 용수철의 주기 $T = 2\pi\sqrt{\dfrac{m}{k}}$를 아는 사람은 이제 진자의 주기도 안다. 바로 $T = 2\pi\sqrt{\dfrac{L}{g}}$다. 진자의 주기는 추의 질량 m에도, 진자의 진폭에도 의존하지 않는다. 이것이 뉴턴의 운동 방정식으로 이해한 갈릴레오의 진자 등시성이다.

하나를 움직여 충돌시키면 반대쪽의 쇠구슬 하나가, 두 개를 충돌시키면 두 개가 튀어 나간다. 이 현상을 쇠구슬 사이의 충돌에서 운동 에너지가 보존된다고 가정해 운동량 보존 법칙을 적용하면 쉽게 이해할 수 있다.

다른 유명한 진자도 있다. 움베르토 에코의 소설 제목이기도 한 푸코Foucault의 진자다. 푸코의 진자는 〈그림 1〉의 보통의 진자와 다를 바 없다. 하지만 진자의 진폭이 줄어들지 않게 유지하며 오랫동안 진자를 움직이면, 진자가 왔다 갔다 하는 진동면이 지구 자전의 영향으로 조금씩 천천히 회전하는 모습을 볼 수 있다.

자, 다음에는 이번 장의 중심 주제인 때맞음을 보이는 진자 얘기를 해보자. 바로 하위헌스Huygens의 진자다. 네덜란드의 과학자 크리스티안 하위헌스가 아파서 침대에 누워있을 때의 일이다. 하위헌스는 방 벽에 걸린 두 개의 벽시계를 오래 관찰하다가 흥미로운 현상을 관찰했다. 처음에는 제각각 따로 움직이던 벽시계의 시계추가 시간이 지나면서 동시에 때를 맞춰 움직인 것이다. 둘 모두 같은 방향으로 나란히 움직이는 방식의 때맞음은 아니었다. 왼쪽 벽시계의 시계추가 왼쪽으로 가장 먼 위치에 있을 때, 오른쪽 벽시계의 시계추는 오른쪽으로 가장 먼 위치에 있는 식이어서 두 시계추는 정확히 반대로, 하지만 같은 주기로 움직였다.

내 연구 그룹에서도 하위헌스의 진자를 살펴본 적이 있다. 두 진자의 길이가 어느 정도 비슷할 때는 때맞음이 잘 일어나지만 길이가 많이 다르면 두 진자가 때맞음되기는 어렵다. 〈그림 2〉의 이론 모형에 따른 컴퓨터 계산을 통해서 진자 둘의 길이의 차이가 일정 범위 안에 있는 경우에는 때맞음이 된 상태와 때맞음이 안 된 상태가 모두 존재할 수 있다는 결과를 얻었다.

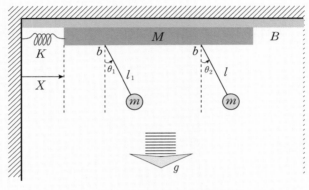

$$\ddot{\theta}_i + 2\gamma\dot{\theta}_i + \frac{\sin\theta_i + \ddot{x}\cos\theta_i}{\overline{l}_i} - f_i = 0$$

$$\ddot{x} + 2\Gamma\dot{x} + \Omega^2 x + \mu\sum_i l_i(\ddot{\theta}_i\cos\theta_i - \dot{\theta}_i^2\sin\theta_i) = 0$$

그림 2 하위헌스 진자의 단순한 모형과 운동 방정식. 두 벽시계가 걸린 벽은 감쇄damping가 있는 무거운 질량의 진동하는 물체로 간주했다.

때맞음을 설명하는 구라모토 모형

진자와 같이 규칙적으로 움직임을 반복하는 것을 떨개oscillator
라고 부르자. 하위헌스 진자의 시계추도, 동시에 반짝이며 멋진
때맞음을 보여주는 반딧불이도, 복잡한 신경망을 구성하는 신경
세포 하나도 떨개다. 서로 영향을 주고받으며 상호 작용하는 수많
은 떨개에서 일어나는 때맞음을 이해할 수 있는 통계물리학의 표
준 모형이 바로 구라모토 모형이다. 복잡계 연구 방법의 기본 철
학인 '대충 거칠게 보기'의 방식으로 떨개 하나를 더 이상 단순할
수 없을 정도로 단순화하면[1] 어떻게 기술할 수 있을까.

떨개가 주기적으로 변화하게 만드는 원인은 떨개의 종류마다
다를 수 있다. 신경 세포를 떨개로 보면 호지킨-헉슬리 모형으로
떨개 하나의 구체적인 시간 변화를 기술할 수 있다. 줄에 매달린
추를 떨개로 보면 결국 지구가 추를 잡아끄는 중력을 고려한 뉴턴
의 운동 방정식이 떨개의 시간 변화를 설명한다. 이처럼 관심을
가진 시스템이 무엇인지에 따라 떨개 하나의 시간 변화를 설명하
는 방식은 모두 다르다. 하지만 떨개 하나의 움직임을 만드는 구
체적인 요인을 기술하는 것은 일단 접어두고 떨개 하나가 보여주
는 현상론적인 시간 변화에만 관심을 집중하자. 그러면 온갖 종류
의 서로 다른 떨개라도 단순하게 설명할 수 있다. 떨개가 보여주
는 규칙적인 움직임을 위상phase이라는 변수로 기술하는 것이다.

진자의 운동에서 맨 왼쪽에 진자가 있을 때를 0으로 하면, 오

른쪽 끝까지 갔다가 다시 원래의 위치인 왼쪽 끝으로 다시 돌아오면 2π의 값을 부여한 것이 위상이다. 반딧불이라면 위상의 의미는 무얼까. 반딧불이 하나가 반짝 빛을 내는 순간에 0의 값을, 다음에 다시 빛을 내는 순간에 2π의 값을 부여하면 된다(두 반짝임 사이의 시간 동안에는 떨개의 위상이 직선 꼴로 변한다고 가정한다). 반딧불이 떨개의 위상이 2π의 정수배가 될 때마다 반딧불이가 반짝한다고 생각하는 거다. 다른 떨개와 상호 작용하지 않는 떨개 하나하나는 각기 고유한 자신만의 특정한 주기로 규칙적인 위상 변화를 보여준다는 점을 생각하면, i번째 떨개 하나의 위상 ϕ_i의 시간 변화는 상호 작용이 없는 경우 다음의 식으로 적을 수 있다.

$$\frac{d\phi_i}{dt} = \omega_i$$

이 식을 한 번 적분하면 $\phi_i(t) = \phi_i(0) + \omega_i t$가 되어서, ϕ_i가 현재의 값에서 2π만큼 증가할 때까지의 시간인 떨개의 주기 T_i는 $2\pi = \omega_i T_i$를 만족해 $\omega_i = \frac{2\pi}{T_i}$임을 보일 수 있다. 이제 ω_i를 떨개 i의 고유 진동수라고 부르자.

떨개마다 고유 진동수는 모두 다를 수 있으므로, 위의 식으로 기술되는 상호 작용하지 않는 여러 떨개는 결코 때맞음을 보여주지 못한다. 그렇다면 상호 작용을 통해 때맞음을 만들어내는 떨개는 어떻게 기술해야 할까. 의외로 답은 간단하다. 떨개로 하여금 다른 떨개의 눈치를 보게 만드는 것이다. 내가 다른 떨개보다 너무 빨리 반짝이면 내 반짝임의 박자를 늦추고, 너무 늦게 반짝이면 반짝임의 박자를 빨리하면 된다. 이처럼 i번째 떨개가 j번째 떨개의 눈치를 보게 하고 이를 수식으로 표현해보자.

$$\frac{d\phi_i}{dt} = \omega_i + K \sin(\phi_j - \phi_i)$$

여기서 중요한 조절 변수가 등장했다. 바로 상호 작용의 세기를 뜻하는 K다. $K=0$이면 위에서 설명한 누구의 눈치도 안 보는 상호 작용하지 않는 떨개가 된다.

다음에는 식의 오른쪽의 삼각 함수 $\sin(\phi_j - \phi_i)$를 살펴보자. 두 떨개의 위상이 큰 차이가 없다면 $\sin(\phi_j - \phi_i)$의 부호는 $\phi_j - \phi_i$의 부호와 같다. 즉, 떨개 j의 위상이 i의 위상보다 앞서면($\phi_j > \phi_i$), 떨개 i는 자신의 위상을 더 빨리(식의 오른쪽이 '$\omega_i +$ 양수'의 꼴이어서 ω_i보다 큰 속도로) 변화시켜 j를 따라잡으려 노력하게 된다.

거꾸로 j가 i보다 위상이 뒤처지면 느긋해진 i는 자신의 위상 변화를 늦추게 된다('$\omega_i +$ 음수'의 꼴이므로 ω_i보다 작은 속도로 변한다). 두 경우 모두, 자신의 위상을 j의 위상에 맞추는 방향으로 i는 스스로의 행동을 조절하게 된다. 위상 변수의 경우에는 0이나 2π나 사실 같은 상황이므로, 두 떨개가 상호 작용하는 형태가 $\phi_j - \phi_i$에 대해 주기적인 함수인 것이 자연스럽다. 위 식에 $\sin$함수가 등장한 이유다.

i가 눈치를 봐야 할 동료 떨개는 j만이 아니다. 같이 모여 시스템을 구성하는 다른 모든 떨개의 눈치도 봐야 한다. N개의 모든 떨개의 눈치를 보도록 식을 바꿔 적으면 유명한 구라모토Kuramoto 모형의 운동 방정식을 얻는다.

$$\frac{d\phi_i}{dt} = \omega_i + \frac{K}{N} \sum_{j=1}^{N} \sin(\phi_j - \phi_i)$$

구라모토 모형에서 $K=0$이어서 떨개들이 다른 떨개의 눈치를 전혀 보지 않고 각기 다른 자신의 고유 진동수를 따라 반짝이면, 때맞음은 일어나지 않는다. 반대의 극단은 어떨까? 상호 작용의 세기인 K가 아주 큰 값을 가진다면, 위의 운동 방정식의 오른쪽에서 첫 항인 ω_i보다 두 번째 항이 훨씬 더 중요해진다. 즉, 이 경우 $\frac{d\phi_i}{dt} \approx \frac{K}{N} \sum_{j=1}^{N} \sin(\phi_j - \phi_i)$로 어림할 수 있다는 말이다. 이 식을 따라 제각각 반짝이던 떨개들은 시간이 지나면 $\phi_j \approx \phi_i$인 상황으로 점점 다가선다. 이 상황에 도달하면 $d\phi_i/dt \approx 0$이 되어 각 떨개의 위상은 시간이 지나도 거의 변화가 없게 된다.[2] 바로 때맞음이 일어난 것이다.

이제 작은 K에서 시작해 K를 늘려 떨개들이 점점 더 강하게 상호 작용을 하게 하면, 적절한 K_c값이 존재할 수 있다는 점을 이해할 수 있다. $K < K_c$인 경우에는 상호 작용이 충분치 않아 때맞음이 일어나지 않다가, K가 K_c를 넘어서는 순간부터 점점 더

크게 거시적인 규모로 때맞음이 일어나게 된다. 물이 100도에 끓어 수증기가 되는 것처럼 때맞음이 되지 않은 상태에서 때맞음된 상태로 상전이가 일어난다. 구라모토 모형에서 때맞음 상전이의 문턱값인 K_c를 고유 진동수의 확률 분포가 정규 분포일 때 구해 보는 일은 재밌는 수학 문제이기도 하다.

연결 구조가 바꾸는 때맞음

원래의 구라모토 모형은 위의 식에 표현된 것처럼 모든 이가 다른 모든 이의 눈치를 보는 형태의 상호 작용을 생각한다. 이런 전역적인 상호 작용이 아닌 다른 꼴의 상호 작용도 생각할 수 있다. 바로 이웃한 떨개하고만 상호 작용하는 국소적인 구라모토 모형이다.

D차원의 국소적인 구라모토 모형은 $D < 4$라면 아무리 강한 상호 작용이 있더라도 때맞음을 보이지 않는다는 연구 결과가 있어 흥미롭다. 통계물리학의 연구 결과 중 내가 가장 멋지다고 감탄하는 것이 이런 유형이다. 반딧불이든 신경 세포든 아니면 전자 소자든 어떤 형태로 떨개를 구현했는지와 무관하게, 떨개들의 모임으로 어림할 수 있는 모든 시스템은 국소적인 상호 작용만으로는 거시적인 규모의 때맞음을 만들 수 없다는 상당히 보편적인 결과다. 통계물리학에서 내린 중요한 결론 중 많은 것이 이런 식이

다. 시스템을 구성하는 구체적인 요소가 반딧불이든 신경 세포든 세부적인 차이는 거시적인 특성에 영향을 주지 못할 때가 많다. 이것이 앞서 말한 통계물리학의 보편성이다.

"4차원 아래에서 때맞음은 불가능하다"라는 말을 들은 독자라면 당연히 궁금한 점이 있을 것이다. 우리가 사는 세상은 3차원인데, 어떻게 나무 위에 모여 반짝이는 반딧불은 때맞음을 보여줄 수 있을까? 반딧불이의 때맞음이 위에서 얘기한 보편적인 결론과 모순되지는 않는다.

먼저 반딧불이가 다른 반딧불이와 상호 작용하는 형태가 국소적이지 않을 수 있다. 느리게 확산되는, 화학적인 단서를 통한 상호 작용이라면 국소적이라고 할 수 있지만, 빛을 이용한 시각적인 상호 작용이라면 국소적이지 않은 상호 작용이라고 할 수 있다. 그렇기에 D차원 모형에 대한 결과를 적용할 수 없다. 먼 거리 상호 작용을 하는 반딧불이들은 3차원에서도 때맞음을 만들어 낼 수 있는 것이다.

다른 설명도 가능하다. 반딧불이가 정말로 바로 이웃하고만 국소적인 상호 작용을 하더라도 반딧불 집단의 규모가 크지 않다면, 전체가 때맞음을 보여줄 수도 있다. D차원 모형의 결과는 사실, 떨개의 숫자가 무한대로 가는 극한에서만 엄밀하기에 작은 규모의 때맞음은 3차원의 국소적인 상호 작용을 하는 떨개도 만들어낼 수 있다.

구라모토 모형에 대한 순수하게 이론적인 연구 결과에 근거해 실험을 제안할 수 있는데, 집단을 구성하는 반딧불이의 숫자를 변화시키면서 때맞음의 정도를 측정하는 것이다. 집단의 규모가 점점 커지면서 때맞음의 정도가 줄어든다면, 반딧불이의 상호 작용이 국소적임을 의미한다. 만약 때맞음의 정도가 줄지 않는다면, 반딧불이가 자기 옆 친구의 눈치만 보는 것이 아니라 멀리 떨어진 다른 반딧불이의 영향도 받는 셈이니 먼 거리 상호 작용을 뜻한다. 크기가 다른 반딧불이 집단의 때맞음을 관찰하는 것만으로 반딧불이 사이에서 일어나는 상호 작용의 형태가 어떠한지를 짐작할 수 있다는 점이 흥미롭지 않은가.

21세기에 들어서면서 통계물리학 분야에서 복잡한 연결망에 대한 연구가 큰 주목을 끌었는데 때맞음 연구도 예외가 아니어서 다양한 연결망 구조를 이용해 때맞음 현상이 연결 구조에 따라 어떻게 달라지는지를 살펴본 연구가 많다. 내가 했던 연구도 있다. 1장에서 소개한 WS 좁은 세상 연결망 위에서 구라모토 모형을 통해 때맞음 상전이를 살펴봤는데, 결과가 흥미롭다. WS 연결망은 국소적인 연결만 있는 1차원의 구조에서 시작해서, 확률 p로 멀리 떨어진 임의의 다른 노드로 링크를 옮기는 식으로 만들어진다.

만약 $p=0$이어서 1차원의 구조를 유지하고 있다면 위에서 설명한 D차원 모형에 대한 결과로부터 당연히 때맞음이 일어나지 않는다는 사실을 알 수 있다. 한편 p를 점점 늘리게 되면, 점점 더 많은 수의 먼 거리 상호 작용이 가능해져서 상호 작용의 세기가 충분히 크면 때맞음이 발생한다. 연구에서 내가 가진 질문은

"이 좁은 세상 연결망에서 때맞음이 가능하게 되는 문턱값 p_c가 얼마일까"였다. 연구를 통해 $p_c=0$과 부합하는 결과를 얻었다. 처음에는 무척 시시한 결과라고 생각했지만, 조금 더 생각해보니 참으로 흥미로운 결과임을 깨달았다. 일차원의 국소적인 연결은 때맞음을 결코 만들지 못하지만 아주 약간의 먼 거리 상호 작용이 존재하면 때맞음이 가능하다는 것을 말해주기 때문이다. 그리고 그 '약간'이 정말로 무지무지 작은 '약간'이라는 거다. 떨개 하나가 자기와 먼 떨개와 아주 작은 확률로라도 서로 영향을 주고받는다면 전체는 쉽게 때맞음을 만들 수 있다.

＊　＊　＊

지금까지 복잡계를 구성하는 노드 하나하나가 각기 고유한 진동수로 반짝이는 떨개인 경우에 전체 복잡계에서 만들어지는 거시적인 때맞음에 대해 살펴봤다. 반딧불이든 신경 세포든 메트로놈이든, 다리 위를 걸어가는 사람들이든 구성 요소 하나가 특정한 박자로 행위를 주기적으로 반복하는 경우 떨개의 위상이라는 도구를 이용해 상당히 넓은 범위의 현상을 이해할 수 있다. 이웃하고만 영향을 주고받는 시스템에서는 때맞음이 일어나기 어렵지만, 소수의 먼 거리 상호 작용이 존재하면 때맞음이 가능하다는 연구 결과도 소개했다. 사람들이 서로 영향을 주고받으며 하나의 의견으로 합의하는 현상도 이와 비슷하지 않을까. 자기 주변의 사람하고만 국소적으로 소통하는 것보다, 나와 다른 사람들과의 먼 거리 소통을 통해 우리도 더 큰 규모의 합의를 이룰 수 있는 것은 아닐까.

과학
상자

11

스스로 질서를 찾는 시스템을
이해하는 법

저절로 다가서는 임계성으로 자연과 사회 보기

울창한 숲에 자연 발화로 산불이 났다 하자. 숲이 울창해 나무가 빽빽하니 불은 쉽게 번져 큰 면적을 태운 다음에야 멈춘다. 높은 밀도로 나무가 빽빽이 들어선 숲은 안정적으로 유지될 수 없다. 작은 불씨가 숲 전체를 태울 수 있다. 나무가 별로 없는 숲은 어떨까. 나무가 성긴 숲은 산불의 피해를 거의 겪지 않는다. 어쩌다 불이 나도 주변 나무 몇 그루만 태우고는 산불이 멈추지 큰 규모로 번지지는 않는다. 하지만 시간이 지나면 여기저기 나무가 새로 자라 숲의 나무 밀도가 커진다. 낮은 밀도로 나무가 성긴 숲도 이 상태를 안정적으로 유지할 수 없다. 나무의 밀도가 자연스럽게 늘어난다.

이 간단한 논의를 따르면 나무의 밀도는 너무 크면 저절로 줄고 작으면 저절로 늘어 일정한 수준을 기준으로 오르락내리락하며 특정한 밀도 주변에 머문다. 인위적인 개입 없이도 커다란 숲 전체는 특정한 밀도를 향해 다가선다. 이런 현상을 자기 조직화self-organization라 한다. 용어만 어렵지 뜻은 쉽다. 가만히 내버려둬도 복잡계가 스스로를 조직화해 특정한 상태에 저절로 다가선다는 말이다. 숲 전체가 안정된 상태를 유지하도록 외부에서 나무의 밀도를 조정할 필요 없이 저절로 알아서 적절한 밀도를 찾아간다. 복잡계는 내부의 자연스러운 메커니즘에 의해 특정한 방식으로 복잡계가 스스로를 조직화한다.

상전이와 고비 성질

앞에서도 여러 번 강조했듯이 통계물리학의 전통적인 주제는 '임계 현상'('고비 성질'이라 부르기도 한다)이다. 봄이 와 따뜻해지면 강의 얼음이 녹아 물이 흐르고, 막대자석은 온도를 높이면 자성을 잃는다. 물질의 상phase이 고체상solid phase에서 액체상liquid phase으로, 강자성상ferromagnetic phase에서 상자성상paramagnetic phase으로 변하는 상전이다. 상전이는 일상에서도 자주 볼 수 있다. 고속도로를 통행하는 자동차가 점점 많아져 어느 이상이 되면 교통 정체가 시작된다. 이것도 일종의 상전이다.

일상에서 어려움을 겪을 때, 우리는 "이 고비만 넘어가자"라고 얘기한다. 고비를 넘기 전과 넘은 후가 확연히 다를 것이라 생각한다. 마찬가지다. 물질은 임계점을 전후해서 얼음과 물처럼 그 성질이 확연히 달라진다. 상전이가 일어나는 정확한 지점(임계점)에서 물질이 보여주는 특별한 성질이 고비 성질 혹은 임계 현상이다.

막대자석 안에는 수많은 원자가 있다. 이 원자들은 엄청나게 작은 막대자석처럼 행동한다. 하나하나 N극과 S극이 있다. 작은 원자 자석의 방향(물리학에서는 스핀이라 부른다)을, S극에서 N극을 향하는 화살표로 표시할 수 있다. 주변의 원자 자석과 같은 방향을 가리키는 경우가 그렇지 않을 때에 비해 에너지가 낮다. 온도가 아주 낮은 상황에서는 모든 물질은 가능한 가장 낮은 에너지를 가진 바닥 상태를 선호한다. 즉, 낮은 온도에서는 모든 화살표가 같은 방향을 가리키려 한다. 이렇게 되면 앞으로나란히 하고 있는 작은 원자 자석의 자성이 모두 더해져서 커다란 막대자석 전체가 거시적인 크기의 자성을 가지게 된다. 반대로 온도가 높아지면 엔트로피의 영향이 중요해져서 원자 자석들은 뒤죽박죽 아무 방향이나 향하려는 경향이 생긴다. 막대자석이 자성을 잃는다.

통계물리학에서는 에너지와 엔트로피를 모두 고려한 자유 에너지라는 양을 이용해 이 상전이를 설명한다. '헬름홀츠 자유 에너지'라 불리는 양은 $F = E - TS$로 적는다. 만약 절대 온도 $T = 0$이면 자유 에너지 F는 내부 에너지 E와 같아진다($F = E$). 따라서 자유 에너지가 최소가 되는 상황은 물질이 에너지가 가장 낮은

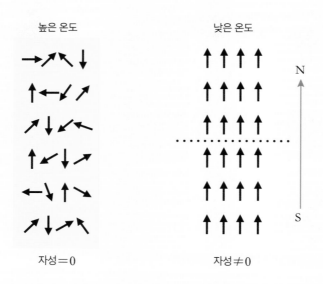

그림 1 높은 온도에서 뒤죽박죽 아무 방향이나 가리키던 작은 원자 자석은 온도가 낮아지면 한 방향으로 정렬해 거시적인 크기의 자성을 만들어낸다. 커다란 막대자석을 절반으로 나누면 각기 막대자석이 된다. 원자 자석이 정렬해 자성을 만들어낸다는 것을 이해하면 당연한 결과다.

바닥 상태에 있을 때다. 낮은 온도에서 물은 얼어 얼음이 되고(이 때 물 분자는 결정 구조를 이뤄 규칙적으로 정돈된다), 막대자석 은 자성을 갖는 것이 바로 자유 에너지가 최소가 되는 방향이다.

온도가 아주 높아지면 어떨까. 이 경우에는 F의 표현식의 첫째 항인 에너지(E)보다 엔트로피(S)가 들어있는 두 번째 항 ($-TS$)이 중요해져서 $F \approx -TS$로 어림해 적을 수 있다. 식 오른 쪽에 음($-$)의 부호가 있음에 주목하라. 높은 온도에서는 엔트로 피가 최대가 되는 상황이 바로 자유 에너지가 최소가 되는 상황이 다. 높은 온도에서 얼음은 녹아 물이 되고, 원자 자석은 뒤죽박죽 여러 방향을 가리켜 전체 막대자석의 자성을 없앤다.

자유 에너지를 구성하는 두 양인 에너지와 엔트로피의 경쟁에 서 누가 이길지는 온도에 따라 달라진다. 낮은 온도에서는 에너지 가 이긴다. 물질은 에너지의 바닥 상태에 있으려 한다. 높은 온도 에서는 엔트로피가 이긴다. 물질은 무질서한 상태에 있으려 한다 (사실 둘 중 누가 이기든 자유 에너지가 가장 낮은 상태라는 것은 마찬가지다). 에너지가 이기다가 엔트로피가 이기는 상황으로 바 뀌는 것이 상전이다. 정돈된 상태에서 흐트러져 무질서한 상태로 바뀌는 온도가 바로 임계 온도다. 이처럼 물과 얼음의 상전이, 자 석의 자성이 생기고 없어지는 상전이를 '물질은 자유 에너지가 최 소가 되는 상황에 있으려 한다'는 원리로 쉽게 설명할 수 있다.

고비 성질의 대표적인 특징 중 하나는 거리의 척도가 없다는 것이다. 척도 없음은 3장에서 자세히 설명한 바로 그 개념이다.

상관 함수correlation function라는 것을 이용하면 척도가 없어진다는 게 무슨 뜻인지 알 수 있다.

우리말에 '까마귀 날자 배 떨어진다'는 속담이 있다. 두 사건 이 우연히 동시에 발생했을 뿐이지 둘 사이에는 아무런 상관관계 가 없다는 뜻이다. 두 사건이 이처럼 아무 상관관계가 없을 때, 통 계학에서는 이 둘을 독립 사건이라고 부른다. 까마귀가 난 사건 을 A, 배가 떨어진 사건을 B라고 하면, 둘이 동시에 일어나는 경 우는 교집합 기호($\cap$)를 이용해 $A \cap B$라고 적는다. 두 사건이 독 립 사건이라면 둘이 함께 일어날 확률은 각각의 사건이 일어날 확 률의 곱과 같다. 즉, $P(A \cap B) = P(A)P(B)$로 적는다.[1] 두 사건 사이의 상관관계가 얼마나 강한지는 이 식을 응용해 적을 수 있 다. 예를 들어 $P(A \cap B) - P(A)P(B)$를 계산하고 이 값이 0에 서 얼마나 떨어져 있는지 보면 두 사건 A, B의 상관관계의 세기 를 잴 수 있다. 까마귀 날자 떨어지는 배같이 둘이 전혀 상관관계 가 없다면 이 값은 0이 된다.

자, 다시 막대자석으로 돌아가자. 둘 사이의 거리가 r인 두 원 자 자석 $S(0)$과 $S(r)$을 각각 확률 변수로 생각하면, 위의 논의 를 조금 더 확장해 두 원자 자석 사이의 상관관계가 얼마나 강한 지 잴 수 있다. 만약 $S(0)$이 남쪽을 가리킬 때 $S(r)$도 남쪽을 가 리키고, $S(0)$이 북쪽을 가리킬 때 $S(r)$도 북쪽을 가리킨다면 둘 사이의 상관관계는 강하다. 시간에 따라 원자 자석의 방향이 이리 저리 변하더라도 둘이 같은 방향을 가리키는 경향이 있다면, 둘의 곱을 시간에 대해 평균을 내면 그 값은 0이 아니다. 이를 일반화해 적은 것이 바로 다음과 같은 상관 함수다.

$$C(r) = <S(r)S(0)> - <S(r)><S(0)>$$

이 식에서 $< \cdots >$는 평균값을 의미한다. 거리 r이 작아 가까이 놓인 두 원자 자석은 서로 상관관계가 강하지만, 거리 r이 점점 멀어지면 두 원자 자석은 서로의 영향을 적게 받아 상관관계가 없어질 것이 당연하다.[2] 즉, $C(r)$은 r이 늘어나면 줄어드는 감소 함수다.

고비 성질 연구에서는 바로 상관 함수 $C(r)$이 거리 r에 따라 어떤 꼴로 줄어드는지를 본다. 만약 $C(r) \sim e^{-r/d}$의 꼴로 특정한 거리 척도 d를 가지고 지수 함수의 꼴로 줄어드는 경우는 척도가 있는 경우다. 이때 거리 척도 d를 상관 거리correlation length라 부른다. 둘 사이의 거리 r이 상관 거리 d보다 작으면 두 원자 자석은 서로 영향을 주고받지만, 만약 d보다 훨씬 멀어지면 둘은 거의 상관관계가 없어 서로 독립적이 된다. 임계점에서 상관 함수는 지수 함수가 아닌 멱함수 꼴(3장을 참고하라)로 줄어든다는 것이 잘 알려져 있다. 이는 상관 거리 d가 임계점에서 무한대로 발산한다는 뜻이다.[3] 딱 임계점에서만 이렇다.[4]

임계점에서 상관 거리가 무한대로 발산하는 현상은 중요한 의미를 지닌다. 물질이 임계 상태에 있을 때는, 한쪽 구석에서 생긴 사소한 변화라도 반대쪽 끝까지 전달될 수 있다는 얘기가 된다.

즉, 임계 상태에 있는 시스템은 외부의 자극에 대해 극도로 민감하게 반응할 수 있다. 살짝만 건드려도 시스템 전체가 엄청난 영향을 받는다.[5]

임계점에서 거리의 척도가 없어지는 현상을 눈으로 확인할 수도 있다. 원자 자석들이 한 방향으로 정렬한 영역을 구역domain이라 부른다. 아주 낮은 온도에서는 막대자석 전체가 하나의 구역이다. 온도가 높아지면 원자 자석들은 여러 구역으로 나뉘게 된다. 한 구역 안의 원자 자석들은 같은 방향을 가리키지만, 그 방향이 다른 구역의 원자자석의 방향과 같을 필요는 없다. 정확히 온도가 임계점이라면 구역의 크기도 척도가 없다. 이때 막대자석의 일부를 확대해서 보면 전체 막대자석의 구역 분포와 정성적으로 같아 보인다(〈그림 2〉). 이것이 바로 프랙탈이다. 임계 상태에 있는 물질의 공간 구성은 거리 척도가 없는 프랙탈이다. 정확히 임계점에서만 이렇다.[6]

저절로 다가서는 임계성

이 장 서두에서 말한 산불 현상도 임계성을 보여준다. 숲 전체가 저절로 다가선 상태는 임계점에 놓인 막대자석과 비슷하다. 이때 산불 현상도 거리의 척도가 없다. 임계 상태에 있는 숲에 불이 나면 어떤 경우에는 작은 산불로 멈추고, 어떤 때는 큰 산불로

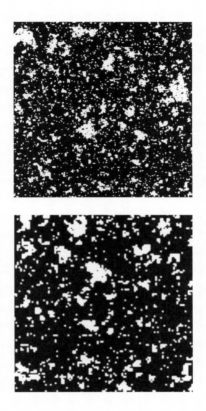

그림 2 임계점에서는 전체(위쪽)와 일부분(위쪽 그림에서 오른쪽 아래의
1/4 면적에 해당하는 부분)을 확대(아래쪽)한 모습은 서로 닮았다. 그림의
흰색 부분 하나하나는 그 안의 원자 자석이 한 방향으로 정렬된 구역이다.
임계 상태에서는 거리의 척도가 없어 구역의 크기에도 척도가 없다. (그림
제공: 성균관 대학교 통계물리 연구실 이송섭)

번져 숲의 큰 면적을 태운다. 산불이 태운 숲의 면적을 가지고 확률 분포를 그려보면, 아니나 다를까 멱함수 꼴이 나온다. 산불과 막대자석이 보여주는 임계 현상은 이처럼 비슷한 점이 많다. 하지만, 중요한 차이도 있다. 막대자석은 가만히 내버려 둔다고 임계 상태로 저절로 스스로 가지 않는다. 온도를 외부에서 정밀하게 조절해 정확히 딱 임계 온도에 맞추어야 임계 상태가 된다. 산불이나 막대자석이나 모두 임계 상태에 놓일 수 있지만, 저절로 임계 상태에 다가서는 산불과 달리 막대자석의 임계 상태는 막대자석을 내버려 둔다고 저절로 도달하는 상태가 아니다. 바로 이런 이유로 산불이 보여주는 임계성을 스스로 조직하는 임계성self-organized criticality, SOC, 혹은 저절로 다가서는 임계성이라고 부른다. 막대자석의 임계성은 스스로 조직하는 임계성이 아니다.

통계물리학과 복잡계 연구자 중에는 자연이나 사회에서 일어나는 현상을 저절로 다가서는 임계성의 관점으로 보려는 사람들이 많다. 나도 마찬가지다. 앞에서 설명한 산불이 대표적인 SOC 현상이다. SOC를 처음 제안한 연구자들은 모래알 쌓기를 연구했다. 모래알을 한 주먹 손에 쥐고는 바닥으로 조금씩 떨어뜨리면 모래알이 모여 작은 언덕을 이룬다. 모래 언덕의 기울기가 작다면 계속 이어 떨어지는 모래알로 기울기가 커져 가파른 언덕이 되고, 기울기가 너무 크면 모래 언덕이 저절로 무너져 기울기가 낮아진다. 기울기에 특정한 값이 있어 모래 언덕은 저절로 이 값에 다가선다. 모래 언덕이 저절로 스스로 도달한 상태 역시 임계 상태다.

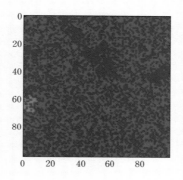

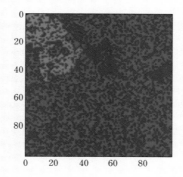

그림 3 임계 상태에 저절로 다가선 산불 모형의 나무(녹색)와 빈터(갈색)의 분포. 같은 상황에서도 처음 발화한 나무의 위치에 따라 산불(붉은색)의 규모는 작을 수도(위쪽), 클 수도(아래쪽) 있다. (그림 제공: 성균관 대학교 통계물리 연구실 이대경)

임계 상태에 도달한 모래 언덕에 모래알이 더 떨어지면, 떨어진 모래로 인해 언덕에 산사태가 난다. 모래 언덕에서 일어나는 산사태의 규모를 원래의 위치에서 벗어나 밀려난 모래알의 숫자로 측정해 그 분포를 그리면, 아니다 다를까 이번에도 멱함수의 꼴이 나온다. 모래 쌓기로 만들어지는 모래 언덕도 대표적인 SOC 현상이다.

복잡계 연구자들은 지진도 SOC 현상으로 본다. 지진은 지각을 구성하는 여러 작은 요소들의 움직임에서 만들어진다. 남쪽과 북쪽의 두 암석이 마주 보고 맞닿아 있다. 하나는 동쪽으로 다른 하나는 서쪽으로 접촉면에 평행한 힘을 받고 있다고 하자. 암석에 힘이 작용한다고 둘이 각각 힘의 방향으로 움직일 수 있는 것은 아니다. 움직이려는 방향에 다른 암석이 막아서 있어 못 움직일 수도, 마주 보고 반대로 움직이는 두 암석 사이의 마찰력이 상당히 커서 멈춰있을 수도 있다. 하지만 이렇게 서로 맞닿아 있는 암석에 작용하는 힘이 충분히 커지면 상황이 달라진다. 드디어 암석은 옆으로 움직일 수 있다.

암석의 움직임은 당연히 주변의 다른 암석에도 영향을 미친다. 암석들이 어떤 패턴으로 서로 연결되어 늘어서 있는지에 따라 어떨 때는 작은 암석의 사소한 위치 변화가 결국은 수많은 암석의 움직임을 유발해서 대규모 지진으로 이어질 수도 있다. 지진 규모의 확률 분포를 그래프로 그리면 어떻게 될까. 독자도 이미 예상할 수 있다. 역시 이것도 멱함수 꼴이다. 지진도 척도가 없는 임계성을 보여주는 전형적인 SOC 현상이다. 대규모 지진을 세세히 살펴면 결국 한 곳에서 발생한 국소적인 변화가 지진이 시작된 원인임을 찾을 수 있다. 마치 대규모 산불도 결국 한 그루 나무의 자연 발화로 시작되듯이 말이다. 그러나 이처럼 국소적인 원인을 찾는 일은 사실 큰 의미가 없다. 모든 대규모 격변에는 당연히 국소적인 원인이 있으나 전체의 구성과 짜임이 만들어낸 임계 상태가 격변을 만드는 궁극적인 원인이라고 하는 것이 더 옳다.

비슷한 이야기를 인류 역사의 격변에 대해서도 할 수 있다. 1차 세계대전은 당시의 제국주의 국가 사이의 식민지 쟁탈을 위한 경쟁과 알력(그리고 아마도 그로 인해 만들어진 임계 상태)이 원인이지, 오스트리아 황태자가 사망한 것을 궁극적인 원인으로 지목할 수 없다.

지구 생명의 역사에서 수차례 발생한 대규모 멸종도 마찬가지다. 멸종마다 그 원인을 구체적인 사건에서 찾는 일은 클레오파트라의 코의 높이를 세계의 역사를 변화시킨 근본 원인으로 지목하는 것과 닮았다. 복잡계 연구자들은 서로 영향을 주고받는 수많은 종으로 구성된 생태계 전체도 저절로 임계 상태에 다가서는 일종의 SOC 현상으로 본다. 과거 멸종의 규모를 모아 확률 분포를 그려보면 이것도 역시 멱함수 꼴과 닮았다. 소규모 멸종과 대규모 멸종으로 구분하는 것은 그 기준이 불명확한데(〈그림 4〉), SOC의 입장에서 보면 당연한 일이다. 어느 규모 이상을 대규모라 부를지 그 기준을 이야기할 수 없다는 것이 척도 없는 임계성을 보여주는

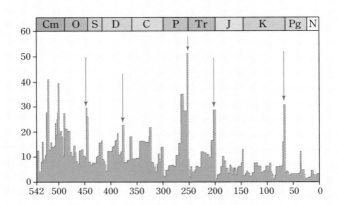

그림 4 과거 멸종의 규모. 5번의 대멸종을 화살표로 표시했지만 이 그림의 정보만으로는 대멸종의 객관적인 기준은 없어 보인다. (그림 출처: 위키피디아)

자연 현상의 공통점이다. 아주 단순한 수학적인 모형으로 종의 멸종을 SOC의 입장에서 정성적으로 설명한 연구도 있다.

자연 현상뿐 아니다. 주식 시장도 그리고 전 세계가 서로 연결된 경제 시스템도 마찬가지로 SOC 현상을 보여준다. 한 회사의 주가 폭락은 이 회사에 원자재를 공급하는 다른 회사의 주가에도 당연히 영향을 준다. 경제 활동에 참여하는 모든 회사는 연결망의 형태로 얽혀 복잡한 상호 작용을 하고 있음에 분명하다. 어떨 때는 한 회사의 주가 폭락이 주식 시장 전체에 영향을 주지 못하지만 어떨 때는 갑자기 모든 회사의 주가가 동시에 폭락하기도 한다. 주가 변동을 가지고 확률 분포를 그리면 어떤 꼴일까. 이제 독자도 예상할 수 있으리라. 이것도 역시 멱함수 꼴이다. 작은 규모의 주가 하락은 자주 일어나지만 대규모의 주가 하락도 드물지만 간혹 일어난다. 주식 시장도 전형적인 SOC다.

자연 현상과 사회 현상 모두가 SOC라는 주장은 물론 아니다. 그렇지만 SOC라는 도구로 특정 현상을 바라보면 흥미로운 통찰을 얻을 수 있다. 미국 국립 공원에서는 여기저기서 자연 발화로 크고 작은 산불이 수시로 일어난다. 대규모의 예산과 인력을 동원해 규모에 상관없이 모든 산불을 초기에 진화하면, 전체 공원의 나무 밀도는 임계점을 넘어 초임계 상태supercritical state에 놓인다. 과도하게 울창한 숲은 순식간에 불타버릴 수 있다. 산불에 대해서는 적절한 정도의 무관심이 오히려 울창한 숲을 유지하는 데 유리할 수 있다는 교훈이다.

＊　＊　＊

자연 현상이나 사회 현상이나 커다란 격변이 일어나면 격변의 원인으로 결정적인 무언가를 찾으려는 경향이 있는데 사실은 항상 어떤 것이든 원인이 될 수 있어 큰 의미가 없는 경우가 있다. SOC의 입장에서 바라보면 다른 관점을 가질 수 있다. 서로 연결된 여러 요소의 상호 작용으로 전체가 조금씩 저절로 임계 상태를 향해 다가섰다는 것이 격변의 진정한 원인이라는 것이다. 모든 큰 불은 작은 불씨로 시작하지만 작은 불씨가 큰 불로 번지게 한 숲의 임계성이 큰 불을 일으킨 진정한 원인이다.

과학이라는 도구를
더 잘 사용하는 법

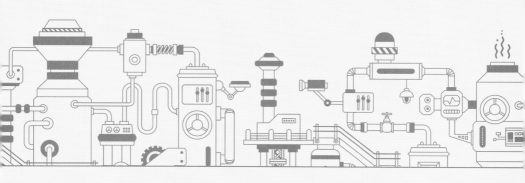

우리가 무엇인가를 이해한다는 것은 무슨 뜻일까. 인식 주관인 나 자신과 떨어져 있는 외부에 존재하는 객관적인 실체를 그냥 그대로 전체로서 받아들이는 것은 득도일지는 몰라도 과학에서의 이해는 아니다. 이해는 결국은 이론의 존재를 전제한다. 뭐라도 보려면 이론이라는 눈을 통해야 한다는 말이다. 그리고 과학은, 여전히 흐리멍덩하지만 그래도 인류가 현재 가지고 있는 그나마 가장 좋은 눈이다. 게다가 하루하루 점점 더 시력이 좋아지는.

　회의한다는 것은 모든 것을 의심하는 것이 아니다. 자기가 완벽한 눈을 가지고 있으며, 자기의 눈으로 본 세상만이 옳다고 하는 자들을 의심의 눈으로 보는 것이 바로 회의다. 내가 인상 깊게 읽은 유발 하라리의 명저《사피엔스》에 "과학 혁명은 지식 혁명이 아니었다. 무엇보다 무지의 혁명이었다"라는 말이 나온다. 우리가 현재 안다고 생각하는 것도 미래에 더 많은 지식을 갖게 되면 얼마든지 틀린 것으로 드러날 수 있다는 것을 받아들였다는 것이 바로 과학 혁명이라고 저자는 이야기한다. 동양의 고전인《논어》에도 내가 좋아하는 비슷한 의미의 문장이 있다. "知之爲知之(지지위지지) 不知爲不知(부지위부지) 是知也(시지야)." "아는 것을 안다고 하고, 모르는 것을 모른다고 하는 것. 이것이 바로 '앎'이다"라는 뜻이니, '모른다는 사실'을 아는 것이 바로 앎이라는 거다. '모든 것을 안다고 하는 자는 결국은 아무것도 모르는 자'라고 해석해도 되겠다. 이렇게 보면, 결국 '회의'란, 모른다는 사람을 믿고 안다는 사람을 의심해야 하는 것일지도 모르겠다.

　과학의 역사는 저 멀리 보이는 결코 닿을 수 없는 무지개를 향해 직선으로 끊임없이 걸어가는 그런 과정도 아니다. 무지개를 좇다 보면 더 예쁜 무지개 여럿이 여기저기 저 앞에 보이고, 그중 하나를 골라 새 무지개를 따라가다 보면 또 다른 무지개 여럿이 저 멀리 더 많이 보이는 그런 형상에 가깝다. 목적지에 도달하는 곧게 난 길을 따라 걷는 것이 아니라, 끊임없이 분기해 점점 넓어지는 경계에 도달하고자 하는, 하지만 결코 경계에 도달할 수는 없는 그런 과정 말이다. 분기해 점점 넓어지는 경계를 향해 개별 과학자는 딱 하나의 길 만을 걸을 수 있다. '가보지 않은 길'을 시간이 지나 돌이켜 보며 아쉬워할 필요는 없다. 인류의 다른 모든 활동처럼, 과학의 길도 혼자서 걷는 것이 아니니까 말이다. 내가 제대로 길을 가는지 의심되면 옆길을 걷는 사람에게 얼마든지 물어도 좋다. 가다가 힘들면 얼마든지 도와 달라 부탁해도 좋다. 또, 길을 자신의 두 발로 뚜벅뚜벅 걷는 사람들뿐 아니라, "그 길 맞아요? 잘못된 길 같아요"라고 비판의 눈으로 지켜봐주는 사람들도 무등 태워 함께 가야 한다는 것도 중요하다. 어깨 위에 서면 더 멀리 볼 수도 있으니 말이다. 무등을 타고 가다 길이 눈에 익으면 직접 땅을 딛고 스스로 걸어도 좋다. 연대해야 한다. 과학자들도 그리고 깨어있는 시민들도. 내 길만 절대적으로 옳으니 나만 따르라는 사람들이 있다면 '회의의 연대'를 통해 극복할 수 있다. 어깨동무하고 무등 태워 앞서거니 뒤서거니 여럿이 함께 여러 길로 나아가는 여정이 될 수 있기를, 그리고 그 여정이 즐겁고 아름답기를.

주

들어가는 말

1 사실 양변의 m을 같다고 놓아서 싹 지워 없애는 것은 상당히 심오한 의미
    가 있다. 중력의 세기를 표현하는 식 왼쪽의 질량 m이 관성의 정도를 표현
    하는 식 오른쪽의 질량 m과 같다는 점이 바로 아인슈타인의 일반 상대성
    이론에서 가장 중요한 핵심 가정이다.

2 어려움과 복잡함은 다른 얘기다. 어려운 것은 알고 나면 쉬워 보이지만 복
    잡한 것은 알았다고 해서 복잡함이 사라지지 않는다. 어려움이 인식론의
    영역이라면 복잡한 것을 다루는 복잡계 과학의 복잡함은 존재론의 영역이
    다. 복잡계 과학의 내용을 잘 이해해 그 내용이 어렵지 않게 된 연구자에
    게 자신의 연구 분야가 어느 날 갑자기 '복잡하지 않은 계의 과학'으로 바
    뀔 리는 없다.

3 물리학에서 어림approximation을 근사라고도 한다. 물리학의 전 분야에서 자
    연 현상을 단순화해서 설명하는 방법으로 폭넓게 이용된다.

4 한자로 계系라고 적기도 한다. 이 책에서는 계와 시스템을 같은 의미로 사
    용한다.

5 통계물리학에서 여러 입자로 이루어진 물리계의 열역학적 특성은 분배 함
    수partition function라 부르는 양에서 얻을 수 있다. 분배 함수에 로그를 취해
    얻는 자유 에너지(F)를 알면, 내부 에너지와 엔트로피, 비열과 압축률 등
    여러 열역학적인 양을 쉽게 얻을 수 있다. N개의 상호 작용하지 않는 입

자로 구성된 열역학적 계의 자유 에너지(F)는 입자 1개의 자유 에너지(f)에 N을 곱해($F=Nf$) 얻어지므로, 계 전체의 열역학적 성질이 입자 하나의 성질로부터 결정된다. 즉, 상호 작용이 없다면 전체는 부분의 단순한 합과 정확히 같다. 하나를 알면 모두를 알 수 있다.

6 $\dfrac{dx}{dt}=\sigma y-\sigma x,\ \ \dfrac{dy}{dt}=px-xz-y,\ \ \dfrac{dz}{dt}=xy-\beta z$ 로렌츠 방정식이라고 부른다.

7 초기 조건을 요즘에는 처음 조건으로도 부른다.

8 로렌츠 방정식을 다시 보자. 이 방정식에 변수는 x, y, z로 세 개다. 또 한 번이 아니라 여러 번 미분하는 고차 미분 없이 일차 미분으로만 적혀있다. 예를 들어 dy/dt가 들어있는 두 번째 식의 오른쪽에는 y뿐 아니라 x와 z도 있으니, 세 변수가 서로 결합되어 있다. 또 방정식을 보면 xy, xz 같은 이차항이 있으므로 선형이 아닌 비선형 방정식이다. 즉, 로렌츠 방정식은 세 개의 변수가 있는 결합된 비선형 일차 미분 방정식이다. 카오스를 보일 수 있는 최소한의 조건을 만족한다. 또 로렌츠 방정식은 확률적stochastic이지 않고 결정론적deterministic이라는 점도 중요하다. 로렌츠 방정식은 카오스를 보이지만, 세 변수의 처음 조건을 우리가 무한대의 정확도로 안다면 세 변수의 미래값은 결정론적으로 유일하게 정해진다. 로렌츠 방정식으로 우리가 미래를 정확히 알 수 없는 것은 방정식이 비결정적론적non-deterministic이기 때문이 아니다. 우리가 처음 조건을 무한대의 정확도로 규정할 수 없기 때문이다.

9 막대기가 하나라면 일차 미분 방정식의 변수가 둘뿐이어서 카오스를 보일 수 없다. 두 막대 진자의 경우 일차 미분 방정식의 꼴로 적으면 변수가 네 개가 되며, 또한 비선형이어서 카오스를 보일 수 있는 최소 조건을 만족하고, 실제로도 카오스 현상을 명확히 보여준다.

10 둘로 갈라진다는 의미로 '바이퍼케이션bifurcation'이라 부른다.

11 예를 들어 누리 소통망의 연결망 구조에서 사람들은 성별도 나이도 거주

지도 다 다르지만 이런 구체적인 노드에 있는 속성들의 차이는 무시한다. 또 함께 사는 부부의 누리 소통망상의 링크나 한 번도 만나지 못했고 이름도 잘 모르지만 친구의 친구라 어쩌다 맺게 된 링크나 그 둘의 강도가 같은 것으로 간주한다.

12 항공 연결망에서의 허브 공항, 사회 연결망에서의 마당발을 떠올리면 된다.

13 짝사랑을 생각해보라. 실제 복잡계에 존재하는 링크는 방향을 무시할 수 없는 경우가 많다.

14 나는 페이스북뿐 아니라 카카오톡을 이용해서도 친구들과 만난다. 또 먼 목적지에 도달하기 위해서 전철을 타고 공항에 갔다가 비행기에서 내려서는 버스를 이용한다. 지하철의 연결망, 항공 연결망, 그리고 버스의 연결망을 함께 이용하는 것에서 알 수 있듯이 전체 교통 연결망은 중층 구조를 가진다.

과학 상자 1 – 얽히고설킨 관계를 점과 선으로 그리는 법

1 수학자들은 연결망을 보통 그래프라고 부른다. 요즘 학계에서는 그래프보다는 네트워크라는 용어가 더 널리 쓰이고 있다.

2 인류학자인 로빈 던바는 아주 친한 관계는 아니라도 우리가 꾸준히 사회 관계를 이어가는 사람의 수가 150명 정도라는 것을 밝히기도 했다. 이 숫자를 '던바의 수'라고 부른다. 이어지는 계산은 던바의 수가 100명 정도라고 어림해 진행했다.

3 N명의 사람이 d단계에 연결되면 $100^d = N$이 된다. 양변에 로그 함수를 취하면 $d\log 100 = \log N$이므로, N명의 사람을 연결하는 연결 경로의 길이 $d \propto \log N$을 만족한다.

4 먹함수는 복잡계 과학에서 자주 등장하는 중요한 함수 꼴이다. 먹함수는 $y = x^a$처럼 x의 거듭 제곱의 형태로 적힌다. a가 0보다 커서 x에 대해서 증

가하는 먹함수도 있고, a가 0보다 작아서 감소하는 먹함수도 있다. 연결망의 이웃 수의 확률 분포 함수가 먹함수의 꼴을 보여줄 때는 a의 값이 0보다 작은 경우다. 먹함수를 거듭 제곱 함수라고도 흔히 부르지만 앞으로는 먹함수라는 용어를 주로 이용한다.

5   먹함수 꼴의 이웃 수 분포를 가지는 연결망을 '척도 없는 연결망'이라고 한다. 척도가 없다는 것이 무슨 뜻인지는 3장에서 자세히 설명한다.

과학 상자 2 – 유독 선이 많은 마당발 찾는 법

1   글에서는 사각형이라고 적었지만, 이처럼 한 바퀴 빙 돌아서 처음의 노드로 돌아오는 모임을 연결망 과학에서는 사이클이라고 부른다. 이 글의 사각형은 연결망 과학의 용어로는 길이가 4인 사이클이다.

과학 상자 3 – 마당발이 생기는 이유를 이해하는 법

1   척도를 우리말인 '잣대'로 이해하면 거리를 재는 잣대의 길이를 바꾸는 것이 척도 변환이다. 100m 거리를 1m짜리 잣대로 재면 100번을 재니 100m고, 10m짜리 잣대로 재면 10번을 재게 되어 여전히 100m다. 거리는 잣대를 어떤 것을 쓰더라도 변하지 않는 값이다. 전체 거리는 잣대 변환에 대해 불변이라고 얘기할 수 있다.

2   척도 없는 먹함수 꼴로 줄어드는 함수 $1/x$과 척도가 있어 지수 함수꼴로 줄어드는 함수 e^{-x}를 비교해보라. $x = 10$만 되어도 지수 함수인 e^{-x}값은 0.00004 정도로 아주 작은데 비해 먹함수인 $1/x$는 0.1로 훨씬 더 큰 값을 가진다. 이처럼 먹함수는 척도가 있는 지수 함수보다 아주 천천히 줄어든다. 소득이 나보다 100배 더 많은 사람은 있지만, 키가 2배인 사람은 없는 이유다.

3   5장에서 자세히 설명할 누적 확률 분포는 확률 분포의 적분으로 표현된다. 즉, $P_{cum}(M) = \int_{M}^{\infty} P(M')dM'$이다. $P_{cum}(M)$은 규모가 M보다 큰 지

진의 발생 확률이다.

4 지진의 규모 M과 지진의 에너지 E의 관계식은 $M=(2/3)\log_{10} E+a$이다 (a는 상수). 이 식에서 지진의 규모 M이 1 늘어난 경우의 지진의 에너지 E'에 대한 식 $(M+1)-M=1=(2/3)(\log_{10} E'-\log_{10} E)$를 얻고, 이로부터 M이 1 늘어날수록 지진의 에너지는 약 32배(좀 더 정확히는 31.62배)가 된다는 사실을 알 수 있다. 지진에 의한 피해액은 아마도 에너지에 비례할 것으로 예상할 수 있으므로, 규모 6인 지진에 비해 규모 7인 지진은 규모는 딱 1만 늘어나지만 피해는 훨씬 더 크다.

5 지진의 발생에 대해 오해하고 있는 사람들이 있다. 규모 7 이상인 지진이 약 300년에 한 번꼴로 일어난다는 이야기는, 규모 7 이상인 지진이 300년마다 한 번씩 주기적으로 발생한다는 이야기가 결코 아니다. 지진은 주기적으로 발생하지 않는다는 것은 잘 알려져 있다.

6 2장에서 스톡홀름 중앙역에서 아무에게나 백신을 나눠주면 카사노바가 백신을 받을 확률이 거의 없다고 한 것도 같은 얘기다.

7 재규격화 이론renormalization group theory은 입자물리학과 통계물리학의 이론에서 폭넓게 이용되는 무척 중요한 이론이다.

과학 상자 4 – 점이 뭉치는 커뮤니티 찾는 법

1 연결망의 크기는 연결망에 들어있는 노드의 숫자로 정의된다.

2 느낌표(!) 표시는 수학에서 계승factorial이라고 부르는데, $n!$은 1부터 n까지의 자연수의 곱으로 정의된다. 즉, $n!=n\cdot(n-1)\cdot(n-2)\cdot2\cdot1$이다. $n!$은 n이 커질수록 아주 빨리 증가한다.

3 약 800만 분의 1의 확률이다. 로또를 800만 번 사면 한 번 정도 1등에 당첨된다는 뜻이다. 현재 우리나라에서 매주 1등 당첨자가 10명 정도다. 일주일에 판매되는 로또는 모두 몇 장 정도일지 독자도 한번 예상해보라. 로또 사는 사람이 정말 많다.

4 대표적으로는 1970년에 제안된 커닝핸-린Kerninghan-Lin 알고리듬이 있다. 노드를 정해진 크기와 개수의 커뮤니티에 넣어놓고는 다른 커뮤니티에 속한 두 노드의 소속을 뒤바꿔 본다. 만약 커뮤니티를 가로지르는 링크의 숫자가 이 과정에서 줄어들면 두 노드의 소속을 정말로 싹 바꾸고, 그렇지 않다면 원 소속으로 복귀시킨다. 이 과정을 계속 반복해서 커뮤니티를 가로지르는 링크의 숫자를 점점 줄여 나가는 알고리듬이다.

5 이 발자국의 수는 네트워크 과학에서는 링크의 사이 중심성edge betweeness centrality에 관계된다. 링크의 사이 중심성은 모든 노드를 다른 모든 노드와 연결하는 가장 짧은 경로를 모두 찾고, 각 연결선이 얼마나 자주 이 경로 안에 있었는지 세어서 구한다.

6 이 방법의 원 영어 이름은 'k-clique percolation'이다. k-clique이란 서로 연결된 k개의 노드로 구성된 연결 구조다(예를 들어 k=3이면 삼각형 모양의 덩이가 된다). '더 참고할 글들'의 과학 상자 4에 소개된 논문 Palla et al. 2005에서 사용한 방법은 크기가 k인 구조를 계속 덧붙여 인접한 노드를 연결해 가다가 더 이상 붙일 수 없게 되면 멈추는데, 난 이 방법이 크기가 k인 눈덩이를 계속 굴려가는 것과 비슷하다는 생각이 들어서, 우리말로 '덩이 굴리기'라고 불러봤다. (참고로 'percolation'의 우리말 번역어는 '스미기'이다.) 〈그림 5〉의 커뮤니티는 k=5인 덩이clique를 이용해 이대경 연구원이 찾았다.

과학 상자 5 – 거시적인 패턴을 발견하는 법

1 수학에서 구간을 표시할 때 '['와 ']'는 끝점이 포함되어 있어 닫힌 구간임을, '('와 ')'는 끝점이 포함되어 있지 않은 열린 구간임을 뜻한다. 예를 들어 학생의 키 H가 $H \in [169.5, 170.5)$를 만족한다는 사실은 $169.5 \leq H < 170.5$임을 의미한다.

2 10^{-200}이 얼마나 작은 수인지, 혹은 역수인 10^{200}이 얼마나 큰 수인지는 우

주에 존재하는 모든 원자가 '기껏'해야 10^{80}개 정도라는 것과 비교해보면 알 수 있다.

3 우리나라 성씨 분포에 대한 연구는 '더 참고한 글들' 과학 상자 5에 있는 Kim & Park 2005를 참조할 것.

4 얼마 전 카톡방에서 친구들이 남기는 글의 수를 기준으로 마찬가지로 순위-빈도 그래프를 구해본 적이 있다. 이것도 또 우리나라 성씨와 마찬가지로 지수 함수꼴로 줄어드는 모양을 얻었다. 카톡방에 글을 남기는 사람 중 소수가 대부분의 글을 남기고 대부분의 친구들은 아주 적은 수의 글을 남긴다는 뜻이다.

과학 상자 6 – 몇 가지 규칙으로 전체를 만들어내는 법

1 전통적인 물리학의 환원적인 접근 방식으로 보면 아주 이상한 이야기도 아니다. 사회는 사람으로, 그리고 사람은 결국 원자로 구성되어 있다.

2 모형이 주어져 있을 때 수치적인 방법이 아니라 해석적인 방법으로 결과를 얻는 것이 문제의 일반적인 이해에 도움이 되는 것은 당연하다. 하지만 복잡한 현실을 설명하는 모형은 수식의 꼴로 적을 수 있는 해석적인 해를 갖지 못할 때가 많다. 이때 문제가 해석적으로 풀리도록 모형을 억지로 수정하는 것은 앞과 뒤가 바뀐 비겁한 행위라고 난 생각한다. 연구자의 만족과 연구 논문의 출판에는 도움이 될지 몰라도 그렇게 얻은 결과는 복잡한 현실을 이해하려는 처음의 목표에서 오히려 멀어진 것일 수도 있다. 모형의 해를 찾는 것과 현실의 해를 찾는 것이 같은 의미를 갖기 위해서는 먼저 모형이 현실을 타당하게 기술해야 한다. 예쁜 수식을 얻으려고 현실의 복잡성을 희생해선 안 된다.

3 요즘 대학생들은 잘 모를 수도 있지만 예전에는 물리학과 학생은 누구나 《적분 테이블》이라는 두꺼운 책을 사서 가지고 있었다. 온갖 함수의 적분 함수가 들어있는 백과사전 같은 책이다. 《적분 테이블》은 전 세계 물리학

계의 베스트셀러였지만, 미분 테이블은 예나 지금이나 팔지 않는다. 미분은 쉽고 적분은 어렵기 때문이다. 게다가 《적분 테이블》에 나오지 않는 적분도 부지기수다. 아무리 두꺼운 《적분 테이블》이라도 거기에 실리지 않은 적분이 무한히 더 많을 수밖에 없다. 이게 다 적분의 어려움 때문이다.

과학 상자 7 – (거의) 모든 확산을 예측하는 법

1   보통 SI 전염병 모형에서는 병에 걸려있는 사람 수 $I(t)$ 대신, 병에 걸린 사람의 비율 $i(t)=I(t)/K$과 아직 병에 걸리지 않은 건강한 사람의 비율 $s(t)=1-i(t)=1-I(t)/K$를 변수로 이용한다. 식 (2)를 $i(t)$에 대한 식으로 바꿔 적으면 $\Delta i(t)=ri(t)[1-i(t)]$의 꼴이 된다.

2   SIR모형의 'R'은 회복을 의미할 수도 있지만, 사망 혹은 제거Removed를 의미할 수도 있다. 전염병 병원균의 입장에서는 완벽한 면역력을 가진 사람이나, 이미 사망한 사람이나, 병원균을 옮길 수 없다는 면에서 존재하지 않는 사람과 마찬가지다. SIR모형의 틀 안에서는 회복과 사망은 차이가 없다. 완전 섞임을 가정한 전염병 전파의 모형에는 이 글에서 소개한 SI 모형과 SIR 모형 외에 SEIR 모형도 있다. 이 모형은 SIR 모형의 세 상태에 더해서 병에 걸렸지만 아직은 다른 사람을 감염시키지 않는 'E' 상태 Exposed를 추가한 모형이다. SEIR 모형에서는 건강한 사람이 감염되면 일정 기간이 지나 전염력을 갖게 되고 시간이 지나면 회복된다.

과학 상자 8 – 사회를 이해하기 위해 사람을 원자로 보는 법

1   대부분의 통계물리학자는 사회 현상에 적용되는 뉴턴 법칙 같은 것은 존재하지 않을 것으로 본다. 설명하려는 사회 현상의 층위에 따라 유용하고 변형 가능한 수많은 모형의 집합이 현재의 사회물리학을 구성한다.

2   $\pm\frac{h}{2}$의 두 스핀 값만이 가능한 전자들로 이루어진 물리계인 이징Ising 모형이 통계물리학에서 널리 연구돼왔다. 투표자 모형의 ± 1의 의견 변수는 통

계물리학의 전통적인 이징 모형의 스핀에 해당한다.

3 예를 들어 각자가 하루에 3명에게 의견을 전달한다면, 날짜가 하루하루 지
   나면서 의견을 전달받은 사람의 수는 1, 3, 9, 27⋯ 꼴로 지수 함수를 따라
   증가한다. 따라서 전체 N명이 의견을 전달받을 때까지 걸리는 날짜 수는
   N의 로그값에 비례하게 된다.

4 위치 $\vec{r}$에서의 인구 밀도를 $\rho(\vec{r})$이라 하면, 가스트너와 뉴먼의 논문은 p
   개의 시설물이 있을 때 사람들의 이동 거리의 총합을 최소로 하는 시설물
   밀도 $D(\vec{r})$를 $\vec{r}$의 함수로 얻는다. 그리고 그 답은 바로 $D(\vec{r}) \propto [\rho(\vec{r})]^{2/3}$
   이다.

5 변분법을 이용한 계산을 할 때, 제약 조건이 있는 경우에는 라그랑주 곱수
   Largrange multiplier라는 방법을 써서 계산한다. 가스트너와 뉴먼은 표준적인
   방법과 적당한 어림을 적용해 최적 시설물 분포함수를 구했다.

6 국가 통계 포털: http://kosis.kr/

7 연구에 사용된 모든 컴퓨터 프로그램은 포항 공과 대학교 물리학과 엄재
   곤 박사가 만들었다.

8 관심이 있는 독자는 엄재곤 박사가 만든 자바 애플릿을 웹브라우저로 접
   속해서 실행해 볼 수 있다(http://statphys.skku.ac.kr/Applet/opof.html).
   화면의 오른쪽 아래의 지도는 미국의 인구 분포. 오른쪽 위의 그래프에
   서 위의 직선이 $\alpha=1$, 아래의 직선이 $\alpha=2/3$이다. 입력창에 $\beta=0$을 넣으
   면 커피숍, $\beta=1$을 넣으면 학교에 해당한다.

9 같은 보로노이 셀 안에 있는 모든 사람에게는, 그 셀 안에 있는 시설물이
   셀 밖의 모든 시설물보다 가장 가까운 시설물이다.

10 보건소는 이와 같이 계산할 수 없다. 시골 보건소에는 마을 사람이라면 누
   구나 오지만, 서울이라면 보건소에서 진료를 받는 사람은 전체 지역 거주
   민의 아주 작은 일부분이라 $\rho^\beta \rho^\alpha = \rho$를 만족할 수 없다.

과학 상자 9 - 물질에서 비물질이 떠오르는 현상을 이해하는 법

1 1장에서도 소개한 복잡계 과학의 중요 개념이다. 미시적인 구성 요소로 환원할 수 없는 거시적 특성이 복잡계에서 새롭게 출현하는 것을 떠오름 혹은 창발이라 부른다.

2 실제로 이런 이온 통로가 있다. 세포막을 통해 안쪽의 이온은 밖으로, 밖의 이온은 안으로, 줄줄 새고 있다. 신경 세포를 통한 정보의 전달은 줄줄 새는 파이프로 물을 보내는 것과 비슷하다.

3 보트 바닥의 구멍으로 강물이 들어오고 있는 경우와 같다. 가만히 두면 보트 안의 수면이 바깥 강물의 수면과 같아지는데, 이처럼 보트가 강물에 잠긴 것이 평형 상태다. 보트 안의 수면을 바깥 강물의 수면보다 낮게 해 보트를 비평형 상태로 유지하려면, 물을 밖으로 계속 힘들여 퍼내야 한다.

4 헤비사이드 계단 함수Heaviside step function라 부른다.

5 함께 발화한 두 신경세포 사이의 시냅스 연결이 강화되는 것을 장기 강화Long-Term Potentiation, LTP라 한다. 거꾸로 함께 발화하면 연결이 약해지기도 한다. 이는 장기 억압Long-Term Depression, LTD이라 부른다. 둘 모두, 실험을 통해 확인되었다.

6 과학 연구로 밝혀지는 결과가 자주 그렇듯 이 얘기에도 반례가 있다. 신경 세포 하나가 특정한 복잡한 외부 자극에 특화되어 발화하는 현상이 실제로 관찰되었다. 오래전 신경과학에서, "친할머니를 볼 때마다 '반짝'하고 발화하는 특정 신경 세포가 있다면, 얼마나 이상한 일이겠냐"의 의미로 즉, 일종의 농담으로, 할머니 신경 세포grandmother cell라는 표현이 있었다. 그런데 정말로 할머니 신경 세포와 같은 현상이 보고되었다. 논문 저자의 할머니는 아니었지만 미국 여배우 제니퍼 애니스톤Jennifer Aniston에 특화되어 이 배우를 볼 때만 발화하는 신경 세포도 발견되었다.

7 홉필드 신경망에서 패턴이란 스핀의 값이 하나씩 모두 주어진 전체 정보를 의미한다. 예를 들어, $(\sigma_1, \sigma_2, \sigma_3, \cdots, \sigma_N) = (1, -1, 1, \cdots, -1)$처럼 주

어진 전체 스핀의 상태 $\{\sigma_i\}$를 패턴이라 부른다. 홉필드 신경망에서 학습 시킨 패턴을 신경망의 동역학적인 변수 $\{\sigma_i\}$와 구별하기 위해 글에서는 $\{\tau_i\}$로 표시했다.

8   바닥 상태 하나의 모든 스핀값을 싹 반대로 뒤집으면 다른 바닥 상태를 얻게 되므로, 두 바닥 상태는 사실 그리 다른 것은 아니라고 할 수 있다.

9   에너지 바닥 상태가 여럿 존재한다는 것은, 신경망이 여러 패턴을 학습(혹은 기억)할 수 있다는 뜻이다.

과학 상자 10 – 서로 다른 것들이 하나가 되는 구조를 찾는 법

1   "가능한 단순하게, 하지만 설명력을 잃을 정도로 과도하게 단순하지는 않게as simple as possible, but not simpler." 아인슈타인이 한 말이다.

2   모든 떨개가 같은 진동수($d\phi_i/dt=\Omega$)로 반짝이는 상황이 바로 완벽한 때맞음 상태perfectly synchronized state이다. 최종 때맞음된 진동수 Ω를 따라 위상이 변하는 움직이는 기준 좌표계moving reference frame에서 떨개를 보면 $d\phi_i/dt=0$이 된다. 구라모토 모형은 이 좌표계에서 떨개를 기술한다.

과학 상자 11 – 스스로 질서를 찾는 시스템을 이해하는 법

1   만약 두 사건이 독립이 아니라면 $P(A\cap B)=P(A)P(B|A)=P(B)P(A|B)$가 된다. $P(B|A)$는 사건 A가 일어났다는 조건하에 사건 B가 일어날 확률이어서 '조건부 확률'이라고 부른다. 독립인 경우에는 $P(B|A)=P(B)$이다. 즉, A가 일어났다는 조건이 사건 B가 일어나는 데 아무런 영향을 미치지 않는다. 독립 사건은 $P(A\cap B)=P(A)P(B)$를 만족한다.

2   두 원자 자석 사이의 거리가 무한대로 멀어지는 극한에서는 두 원자 자석의 방향은 서로 독립적이다. 즉, $<S(r)S(0)>\,=\,<S(r)><S(0)>$이 되므로, $C(r\to\infty)=0$이다. 둘 사이의 상관관계는 0이 된다.

3   주어진 함수 $f(r)$의 상관 거리를 구하는 방법은 다음과 같다.

$f(r) = Ae^{-r/d}$라고 적고 로그를 취하면 $\log f(r) = \log A - r/d$이므로 $\lim_{r \to \infty}[\log f(r)/r] = -1/d$를 얻는다. 만약 $f(r) = A/r^a$의 멱함수의 꼴이라면 $\lim_{r \to \infty}(\log r/r) = 0$이므로 쉽게 $1/d = 0$을 얻는다. 즉, 만약 상관관계가 거리에 따라 척도가 없는 멱함수의 꼴로 줄어들면 이때 상관거리는 무한대다.

4 자주 그렇듯이, 여기에도 예외가 있다. 2016년 노벨 물리학상이 수여된 업적 중에 2차원 XY 모형의 상전이 연구가 있다. 이 모형에서는 임계점뿐 아니라, 이보다 낮은 모든 온도에서 상관 거리가 무한대로 발산한다.

5 상관 함수를 적분하면 통계물리학에서 감수도susceptibility라 불리는 양에 비례한다. 상관 거리가 무한대인 임계점에서 감수도는 무한대로 발산한다. 외부의 자그마한 자극에도 민감하게 반응하는 감수성 높은 사람처럼, 임계 상태에 있는 시스템은 외부의 작은 변화에도 극도로 민감하게 반응한다. 많은 생명 현상이 임계점 부근에서 일어난다고 내가 생각하는 이유이기도 하다.

6 임계점에서는 거리의 척도를 바꾸어도 전체가 같아 보인다는 것을 체계적으로 이용하는 것이 바로 통계물리학의 재규격화군 이론이다.

더 참고할 글들

들어가는 말

위키피디아의 'Complex network' 항목.

위키피디아의 'Double pendulum' 항목.

위키피디아의 'Logistic map' 항목.

김범준, 〈결정론과 예측 가능성〉, 《크로스로드》(http://crossroads.apctp.org) 2015년 5월호.

김범준, 〈상수의 탄생: 혼돈 속의 기묘한 질서 카오스〉, 《과학동아》 2016년 1월호.

Ruelle, D. (2014). Early chaos theory. *Physics Today*, 67(3), 9.

과학 상자 1 – 얽히고설킨 관계를 점과 선으로 그리는 법

위키피디아의 'Seven bridges of Königsberg' 항목.

위키피디아의 'Six degrees of separation' 항목.

위키피디아의 'Milgram experiment' 항목.

표재용 · 김선하, 〈3.6명만 거치면 한국인은 '아는 사이'〉, 《중앙일보》, 2006년 4월 14일, http://news.joins.com/article/281193

Barabási, A. L., & Albert, R. (1999). Emergence of scaling in random networks. *science*, 286(5439), 509–512.

Holme, P., & Kim, B. J. (2002). Growing scale-free networks with tunable clustering. *Physical review* E, 65(2), 026107

Watts, D. J., & Strogatz, S. H. (1998). Collective dynamics of 'small-world' networks. *nature*, 393(6684), 440-442.

과학 상자 2 - 유독 선이 많은 마당발 찾는 법

정하웅. (2013). 〈구글 신은 모든 것을 알고 있다〉 1부.《카이스트 명강 1》, 사이언스북스.

Bearman, P. S., Moody, J., & Stovel, K. (2004). Chains of affection: The structure of adolescent romantic and sexual networks. *American journal of sociology*, 110(1), 44-91.

Cohen, R., Havlin, S., & Ben-Avraham, D. (2003). Efficient immunization strategies for computer networks and populations. *Physical review letters*, 91(24), 247901.

Gladwell, M. (2006). *The tipping point: How little things can make a big difference*. Little, Brown.

Holme, P. (2004). Form and function of complex networks. Doctoral dissertation. Umeå universitet. 연결망에 이용된 원자료: K. Fjällborg (2003) Alla vägar bär till Gwyneth, Aftonbladet.

Liljeros, F., Edling, C. R., Amaral, L. A. N., Stanley, H. E., & Åberg, Y. (2001). The web of human sexual contacts. *nature*, 411(6840), 907-908.

과학 상자 3 - 마당발이 생기는 이유를 이해하는 법

Albert, R., Jeong, H., & Barabási, A. L. (2000). Error and attack tolerance of complex networks. *nature*, 406(6794), 378-382.

Albert, R., Jeong, H., & Barabási, A. L. (1999). Diameter of the world-wide web. *nature*, 401(6749), 130-131.

Broido, A. D., & Clauset, A. (2019). Scale-free networks are rare. *Nature communications*, 10(1), 1-10.

Clauset, A., Shalizi, C. R., & Newman, M. E. (2009). Power-law distributions in empirical data. *SIAM review*, 51(4), 661-703.

Holme, P. (2019). Rare and everywhere: Perspectives on scale-free networks. *Nature communications*, 10(1), 1-3.

Kim, B. J., Yoon, C. N., Han, S. K., & Jeong, H. (2002). Path finding strategies in scale-free networks. *Physical Review* E, 65(2), 027103.

과학 상자 4 – 점이 뭉치는 커뮤니티 찾는 법

위키피디아의 'Zachary's karate club' 항목.

김범준, (2015), 〈왜 슬픈 얘감은 틀린 적이 없을까: 사랑과 미움은 비대칭적이다〉, 《세상물정의 물리학》, 동아시아; Park, H. J., Do Yi, S., Kim, D. J., & Kim, B. J. (2016). Network of likes and dislikes: Conflict and membership. *Physica A: Statistical Mechanics and its Applications*, 461, 647-654.

Ahn, Y. Y., Bagrow, J. P., & Lehmann, S. (2010). Link communities reveal multiscale complexity in networks. *nature*, 466(7307), 761-764.

Alberto Barabasi. (2016). *Network Science*. Cambridge Univ. Press, Chap. 9.

Girvan, M., & Newman, M. E. (2002). Community structure in social and biological networks. *Proceedings of the national academy of sciences*, 99(12), 7821-7826.

Newman, M. E. (2004). Fast algorithm for detecting community structure in networks. *Physical review* E, 69(6), 066133.

Palla, G., Derényi, I., Farkas, I., & Vicsek, T. (2005). Uncovering the overlapping community structure of complex networks in nature and society. *nature*, 435(7043), 814-818.

자카리 가라테 클럽 클럽의 홈페이지: http://networkkarate.tumblr.com/

소설 레미제라블의 등장인물 연결망 등 여러 데이터를 내려받을 수 있는 마크 뉴먼 교수의 홈페이지: http://www-personal.umich.edu/~mejn/netdata/

과학 상자 5 – 거시적인 패턴을 발견하는 법

김범준, 〈천체의 엑스선 발산처럼… 인간 활동에도 '버스트' 있다〉, 《문화일보》, 2016년 7월 6일, http://www.munhwa.com/news/view.html?no=2016070601032403000001.

존 H. 밀러, (2017), 정형채·최화정 옮김, 《전체를 보는 방법》, 에이도스.

Kim, B. J., & Park, S. M. (2005). Distribution of Korean family names. *Physica* A: *Statistical Mechanics and its Applications*, 347, 683–694; http://arxiv.org/abs/cond-mat/0407311

과학 상자 6 – 몇 가지 규칙으로 전체를 만들어내는 법

위키피디아의 'Conway's Game of Life' 항목.

김범준, 〈우측통행? 좌측통행? '무법자' 있으면 통행 더 빨라진다〉, 《문화일보》, 2015년 9월 16일, http://www.munhwa.com/news/view.html?no=2015091601032503000001

오철우, 〈질서와 규칙이 늘 효율적이진 않네!〉, 《한겨레》, 2009년 9월 9일, http://www.hani.co.kr/arti/science/science_general/375769.html

Baek, S. K., Minnhagen, P., Bernhardsson, S., Choi, K., & Kim, B. J. (2009). Flow improvement caused by agents who ignore traffic rules. *Physical Review* E, 80(1), 016111; http://arxiv.org/abs/0901.3513

Helbing, D., Farkas, I., & Vicsek, T. (2000). Simulating dynamical features of escape panic. *nature*, 407(6803), 487–490.

컴퓨터 과학자 프랭크 맥카운Frank McCown이 만든 쉘링의 분리 모형 시늉내기를 해볼 수 있는 웹페이지: http://nifty.stanford.edu/2014/mccown-schelling-model-segregation

크레이크 레이놀즈의 보이드 모형 관련 웹페이지: http://www.red3d.com/cwr/boids/

넷로고 홈페이지: https://ccl.northwestern.edu/netlogo/

과학 상자 7 – (거의) 모든 확산을 예측하는 법

Alberto Barabasi. (2016). *Network Science*. Cambridge Univ. Press.

Chowell, G., Hincapie-Palacio, D., Ospina, J., Pell, B., Tariq, A., Dahal, S., ... & Viboud, C. (2016). Using phenomenological models to characterize transmissibility and forecast patterns and final burden of Zika epidemics. *PLoS currents*, 8.

Newman, M. E. (2010) *Networks: An Introduction*. Oxford University Press.

Pastor-Satorras, R., & Vespignani, A. (2001). Epidemic spreading in scale-free networks. *Physical review letters*, 86(14), 3200; Pastor-Satorras, R., Castellano, C., Van Mieghem, P., & Vespignani, A. (2015). Epidemic processes in complex networks. *Reviews of modern physics*, 87(3), 925.

Szüle, J., Kondor, D., Dobos, L., Csabai, I., & Vattay, G. (2014). Lost in the city: revisiting Milgram's experiment in the age of social networks. *PloS one*, 9(11), e111973.

과학 상자 8 – 사회를 이해하기 위해 사람을 원자로 보는 법

Gastner, M. T., & Newman, M. E. (2006). Optimal design of spatial distribution networks. *Physical Review* E, 74(1), 016117.

Han, S. G., Um, J., & Kim, B. J. (2010). Voter model on a directed network: Role of bidirectional opinion exchanges. *Physical Review* E, 81(5),

057103.

Um, J., Son, S. W., Lee, S. I., Jeong, H., & Kim, B. J. (2009). Scaling laws between population and facility densities. *Proceedings of the National Academy of Sciences*, 106(34), 14236–14240.

과학 상자 9 - 물질에서 비물질이 떠오르는 현상을 이해하는 법

위키피디아의 'Hodgkin–Huxley model' 항목.

Hopfield, J. J. (1982). Neural networks and physical systems with emergent collective computational abilities. *Proceedings of the national academy of sciences*, 79(8), 2554–2558.

Izhikevich, E. M. (2003). Simple model of spiking neurons. *IEEE Transactions on neural networks*, 14(6), 1569–1572.

Kim, B. J. (2004). Performance of networks of artificial neurons: The role of clustering. *Physical Review* E, 69(4), 045101.

Quiroga, R. Q., Reddy, L., Kreiman, G., Koch, C., & Fried, I. (2005). Invariant visual representation by single neurons in the human brain. *nature*, 435(7045), 1102–1107.

Trappenberg, T. (2009). *Fundamentals of computational neuroscience*. OUP Oxford.

과학 상자 10 - 서로 다른 것들이 하나가 되는 구조를 찾는 법

위키피디아의 'Foucault pendulum' 항목.

Hong, H., Park, H., & Choi, M. Y. (2005). Collective synchronization in spatially extended systems of coupled oscillators with random frequencies. *Physical Review* E, 72(3), 036217.

Kuramoto, Y. (1975). Lecture Notes in Physics, *International Symposium on Mathematical Problems in Theoretical Physics* 39. Springer–Verlag.

Lago-Fernández, L. F., Huerta, R., Corbacho, F., & Sigüenza, J. A. (2000).
Fast response and temporal coherent oscillations in small-world networks.
Physical Review Letters, 84(12), 2758.

Strogatz, S. H., Abrams, D. M., McRobie, A., Eckhardt, B., & Ott, E.
(2005). Crowd synchrony on the Millennium Bridge. *nature*, 438(7064), 43-
44.

Um, J., Kim, B. J., & Lee, S. I. (2008). Synchronization of nonidentical
phase oscillators in directed networks. *Journal of the Korean Physical Society*,
53(2), 491-496.

Yi, I. G., Lee, H. K., Jun, S. H., & Kim, B. J. (2010). Antiphase
synchronization of two nonidentical pendulums. *International Journal of
Bifurcation and Chaos*, 20(07), 2179-2184.

과학 상자 11 - 스스로 질서를 찾는 시스템을 이해하는 법

마크 뷰캐넌, (2014). 김희봉 옮김,《우발과 패턴》, 시공사.

페르 박, (2012). 정형채·이재우 옮김,《자연은 어떻게 움직이는가》, 한승.

Bak, P., Tang, C., & Wiesenfeld, K. (1987). Self-organized criticality: An
explanation of the 1/f noise. *Physical review letters*, 59(4), 381.

Bak, P., & Sneppen, K. (1993). Punctuated equilibrium and criticality in a
simple model of evolution. *Physical review letters*, 71(24), 4083.

Gopikrishnan, P., Plerou, V., Amaral, L. A. N., Meyer, M., & Stanley, H.
E. (1999). Scaling of the distribution of fluctuations of financial market
indices. *Physical Review E*, 60(5), 5305.

복잡한 세상을 이해하는 김범준의 과학 상자

초판 1쇄 발행 2022년 7월 22일
초판 2쇄 발행 2023년 12월 11일

지은이 김범준
책임편집 권오현
디자인 주수현 김은희

펴낸곳 (주)바다출판사
주소 서울시 마포구 성지1길 30 3층
전화 02 - 322 - 3675(편집) 02 - 322 - 3575(마케팅)
팩스 02 - 322 - 3858
이메일 badabooks@daum.net
홈페이지 www.badabooks.co.kr

ISBN 979-11-6689-100-7 03420